U0078498

洪萬生數學史系列

數之軌跡 III

數學與近代科學

洪萬生／主編
英家銘／協編
蘇惠玉、蘇俊鴻、陳彥宏／著
于靖、林炎全、單維彰／審訂

三民書局

《鸚鵡螺數學叢書》總序

本叢書是在三民書局董事長劉振強先生的授意下，由我主編，負責策劃、邀稿與審訂。誠摯邀請關心臺灣數學教育的寫作高手，加入行列，共襄盛舉。希望把它發展成為具有公信力、有魅力並且有口碑的數學叢書，叫做「鸚鵡螺數學叢書」。願為臺灣的數學教育略盡棉薄之力。

I 論題與題材

舉凡中小學的數學專題論述、教材與教法、數學科普、數學史、漢譯國外暢銷的數學普及書、數學小說，還有大學的數學論題：數學通識課的教材、微積分、線性代數、初等機率論、初等統計學、數學在物理學與生物學上的應用等等，皆在歡迎之列。在劉先生全力支持下，相信工作必然愉快並且富有意義。

我們深切體認到，數學知識累積了數千年，內容多樣且豐富，浩瀚如汪洋大海，數學通人已難尋覓，一般人更難以親近數學。因此每一代的人都必須從中選擇優秀的題材，重新書寫：注入新觀點、新意義、新連結。從舊典籍中發現新思潮，讓知識和智慧與時俱進，給數學賦予新生命。本叢書希望聚焦於當今臺灣的數學教育所產生的問題與困局，以幫助年輕學子的學習與教師的教學。

從中小學到大學的數學課程，被選擇來當教育的題材，幾乎都是很古老的數學。但是數學萬古常新，沒有新或舊的問題，只有寫得好或壞的問題。兩千多年前，古希臘所證得的畢氏定理，在今日多元的光照下只會更加輝煌、更寬廣與精深。自從古希臘的成功商人、第一位哲學家兼數學家泰利斯 (Thales) 首度提出兩個石破天驚的宣言：數學要有證明，以及要用自然的原因來解釋自然現象（拋棄神話觀與超自然的原因）。從此，開啟了西方理性文明的發展，因而產生數學、科學、哲學與民主，幫忙人類從農業時代走到工業時代，以至今日的電腦資訊文明。這是人類從野蠻蒙昧走向文明開化的歷史。

古希臘的數學結晶於歐幾里德 13 冊的《原本》(*The Elements*)，包括平面幾何、數論與立體幾何，加上阿波羅紐斯 (Apollonius) 8 冊的《圓錐曲線論》，再加上阿基米德求面積、體積的偉大想法與巧妙計算，使得它幾乎悄悄地來到微積分的大門口。這些內容仍然是今日中學的數學題材。我們希望能夠學到大師的數學，也學到他們的高明觀點與思考方法。

目前中學的數學內容，除了上述題材之外，還有代數、解析幾何、向量幾何、排列與組合、最初步的機率與統計。對於這些題材，我們希望在本叢書都會有人寫專書來論述。

II 讀者對象

本叢書要提供豐富的、有趣的且有見解的數學好書，給小學生、中學生到大學生以及中學數學教師研讀。我們會把每一本書適用的讀者群，定位清楚。一般社會大眾也可以衡量自己的程度，選擇合適的書來閱讀。我們深信，閱讀好書是提升與改變自己的絕佳方法。

教科書有其客觀條件的侷限，不易寫得好，所以要有其它的數學讀物來補足。本叢書希望在寫作的自由度幾乎沒有限制之下，寫出各種層次的好書，讓想要進入數學的學子有好的道路可走。看看歐美日各國，無不有豐富的普通數學讀物可供選擇。這也是本叢書構想的發端之一。

學習的精華要義就是，儘早學會自己獨立學習與思考的能力。當這個能力建立後，學習才算是上軌道，步入坦途。可以隨時學習、終身學習，達到「真積力久則入」的境界。

我們要指出：學習數學沒有捷徑，必須要花時間與精力，用大腦思考才會有所斬獲。不勞而獲的事情，在數學中不曾發生。找一本好書，靜下心來研讀與思考，才是學習數學最平實的方法。

III 鸚鵡螺的意象

本叢書採用鸚鵡螺 (Nautilus) 貝殼的剖面所呈現出來的奇妙螺線 (spiral) 為標誌 (logo)，這是基於數學史上我喜愛的一個數學典故，也是我對本叢書的期許。

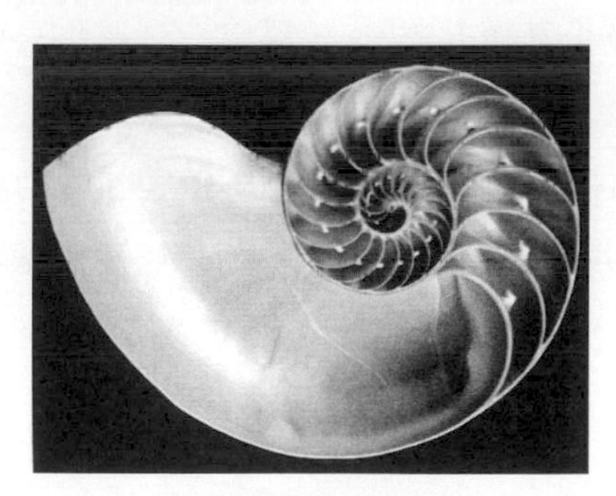

鸚鵡螺貝殼的剖面

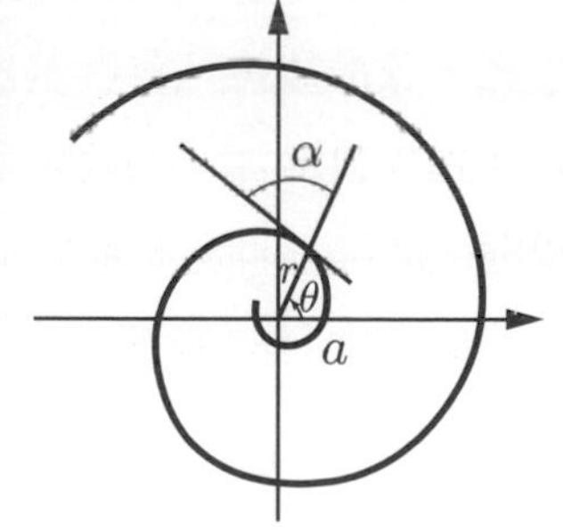

等角螺線

鸚鵡螺貝殼的螺線相當迷人，它是等角的，即向徑與螺線的交角 α 恆為不變的常數 ($a \neq 0°, 90°$) ， 從而可以求出它的極坐標方程式為 $r = ae^{\theta\cot\alpha}$，所以它叫做指數螺線或等角螺線，也叫做對數螺線，因為取對數之後就變成阿基米德螺線。這條曲線具有許多美妙的數學性質，例如自我形似 (self-similar)、生物成長的模式、飛蛾撲火的路徑、黃金分割以及費氏數列 (Fibonacci sequence) 等等都具有密切的關係，結合著數與形、代數與幾何、藝術與美學、建築與音樂，讓瑞士數學家柏努利 (Bernoulli) 著迷，要求把它刻在他的墓碑上，並且刻上一句拉丁文：

Eadem Mutata Resurgo

此句的英譯為：

Though changed, I arise again the same.

意指「雖然變化多端，但是我仍舊照樣升起」。這蘊含有「變化中的不變」之意，象徵規律、真與美。

鸚鵡螺來自海洋，海浪永不止息地拍打著海岸，啟示著恆心與毅力之重要。最後，期盼本叢書如鸚鵡螺之「歷劫不變」，在變化中照樣升起，帶給你啟發的時光。

蔡聰明

2012 歲末

推薦序

很高興看到洪萬生教授帶領他的學生們寫出大作《數之軌跡》。這是一本嘆為觀止，完整深入的數學大歷史。萬生耕耘研究數學史近四十年，功力與見識足以傳世。他開宗明義從何謂數學史？為何數學史？如何數學史？講起。巴比倫，埃及，希臘，中國，印度，阿拉伯，韓國，到日本。再從十六世紀到二十世紀講西方數學的發展與邁向巔峰。《數之軌跡》當然也著力了中國數學與希臘數學的比較，中國傳統數學的興衰，以及十七世紀以後的西學東傳。

半世紀前萬生與我結識於臺灣師範大學數學系，那時我們不知天高地厚，雖然周圍沒有理想的學術氛圍，還是會作夢追尋各自的數學情懷。我們一起切磋，蹣跚學習了幾年，直到 1976 暑假我有機會赴耶魯大學博士班。1980 年我回到中央研究院數學所做研究，那時萬生的牽手與我的牽手都在外雙溪衛理女中執教，我們有兩年時間在衛理新村對門而居，茶餘飯後沈浸在那兒的青山秀水，啟發了我們更多的數學思緒。1982 年我攜家人到巴黎做研究才離開了外雙溪。後來欣然得知萬生走向了數學史，1985 年他決定赴美國進修，到紐約市立大學跟道本周 (Joseph Dauben) 教授專攻數學史。

1987（或 1988）年，我舉家到普林斯敦高等研究院做研究。一個多小時的車程在美國算是「鄰居」，到紐約時我們就會去萬生家拜訪，談數學，數學史，述及各自的經歷與成長。1988 年暑假我回臺灣之前，我們倆家六口一起駕車長途旅遊，萬生與我擔任司機，那時我們都不到四十歲，從紐約經新英格蘭渡海到加拿大新蘇格蘭島，沿魁北克聖羅倫斯河，安大略湖，從上紐約州再回到紐約與普林斯敦。一路上話題還是會到數學與數學史。

我的數學研究是在數論，是最有歷史的數學，來龍去脈的關注自然就導引數論學者到數學史。在高等研究院那年，中午餐廳裡年輕數論學者往往聚到韋伊 (Andre Weil) 教授的周圍，聽八十歲的他講述一些歷史。韋伊是二十世紀最偉大數學家之一，數學成就之外那時已經寫了兩本數學史專書：數論從 Hammurabi 到 Legendre，橢圓函數從 Eisenstein 到 Kronecker。

1990 年代，萬生學成回到臺灣師範大學，繼續研究並開始講授數學史。二十餘年來他培養指導了許多研究生，探索數學史的各個時期及面向，成績斐然。這些年輕一代徒弟妹：英家銘、林倉億、蘇意雯、蘇惠玉等，也都參與了撰述這部《數之軌跡》。特別是在臺灣推動 HPM 數學史與數學教學，萬生的 School 做了許多努力。

在這本大作導論中，萬生指出他的數學不只包含菁英數學家 (elite mathematician) 所研究的「學術性」內容，而是涉及了所有數學活動參與者 (mathematical practitioner)。因此《數之軌跡》並不把重點放在數學歷史上的英雄人物，而著眼於人類文明的發展過程中，數學的專業化 (professionalization) 與制度 (institutionalization)，乃至於贊助 (patronage) 在其過程中所發揮的重要功能。

在《數之軌跡 IV：再度邁向顛峰的數學》第 4 章裡，《數之軌跡》試圖刻劃二十世紀數學。萬生選擇了四個子題來描述二十世紀前六十年的數學進展：艾咪・涅特、拓撲學的興起、測度論與實變分析、集合論與數學基礎。這當然還不足以窺二十世紀前五十年數學史的全貌：像義大利的代數幾何學派、北歐芬蘭的複分析學派、日本高木貞治的代數數論學派，與抗戰前後的中國幾何學大師陳省身、周緯良，都有其數學史上不可或缺的地位。從二十世紀到二十一世紀，純數學到應用數學，發展更是一日千里。《數之軌跡》選了兩個英雄主義的面向：

「希爾伯特 23 個問題」、「費爾茲獎等獎項」，來淺顯說明二十世紀數學知識活動的國際化。這些介紹當然不能取代對希爾伯特問題或費爾茲獎得獎工作的深入討論。最後寫科學的專業與建制，以及民間部門的角色：美國 vs. 蘇聯。這是很有意思的，我希望數學史家可以就這個題目再廣泛的搜集資料，因為在 1960 年代之後，不同的重要數學研究中心在歐洲美國出現，像法國 IHES、德國的 Max Planck、Oberwolfach 等。到了 1990 年世界各地，包括亞洲（含臺灣、中國），數學研究中心更是像雨後春筍般冒出。這是一個很有意義的數學文化現象。另一方面，隨著蘇聯解體，已經不再是美國 vs. 蘇聯，而是在許多國家百花齊放。從古到今，數學都是最 Universal！

于　靖

2023 年 10 月

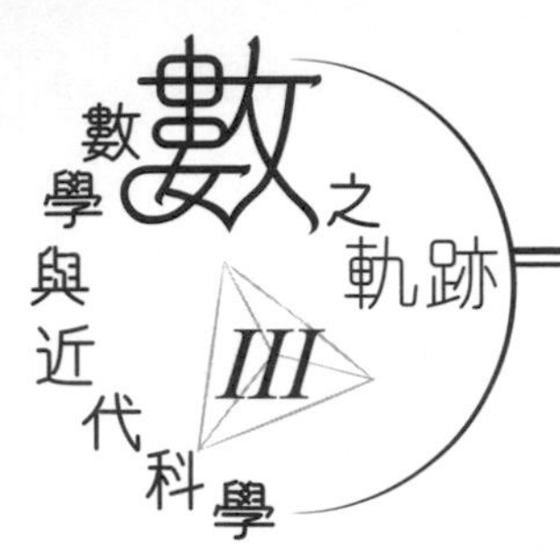
數
數學與近代科學
之
軌跡
III

CONTENTS

第 2 章　科學革命

第 3 章　近代數學的起點(一)

第 4 章　近代數學的起點(二)

CONTENTS

第 5 章　中國數學：西方數學文化的交流與轉化之另一面向

NOTE

第 1 章

十五～十七世紀的西方數學

1 十五～十七世紀的西方數學

西元 1400–1700 年期間，歐洲在各個面向，無論是政治、經濟、文化、藝術或是學術研究，皆透露出幾許蛻變中的蓬勃生機。數學作為社會文化脈絡的一分子，當然也無法自外於這整體的變化。不僅如此，它甚至扮演了主要的角色。在本章中，我們打算從經濟貿易、社會文化、天文航海、藝術、科學以及數學本身等面向，來簡要說明數學所參與的貢獻，以及它自身的發展歷程。

1.1 實用算術與商業發展

自中世紀後期，得力於海運與陸運的關鍵地理位置，以及十字軍東征所帶來的經濟效益，義大利北部的共和城邦幾乎是當時歐洲最富裕的國家。商人從東方購買的香料、染料與絲織品等，經由北義大利這些城邦轉賣到歐洲各地；同時，他們也把內陸的羊毛、小麥與貴重金屬之類的物資，運到北義大利之後再向東運輸。到十三世紀時，透過與歐洲幾個城市形成的同盟關係，北部的幾個城邦經濟規模迅速擴張，現代經濟貿易中出現的商業模式開始萌芽。

這些新興的商業模式包括國際貿易公司與國際銀行體制的出現，使得商人需要更複雜的數學知識技能，來處理信用證、匯票、期票以及利息計算的問題。複雜多元的貿易，各個港口繁忙的貨物裝運、船隻及人員的損耗管理，這種一系列在商業行為中同時發生的財政管理問題，需要更完整明確的會計帳本之紀錄方式。這種因應新的經濟形式而生的新數學能力知識技能，當然不是之前大學教授的那種抽象的、形而上的數學知識；現在，他們所需要的，是能解決實際問題的能力，以及計算方面的新工具。因此，十四世紀初期從義大利開始，就出現了一種專門教授商人所需數學知識的學校——計算學校（*scuole d'abbaco* 或 *botteghe d'abbaco*），藉由教導學生數學與會計技巧以培育未來的商人。至於教學工作，則是由計算師傅 (*maestrie d'abbaco*/master of abacus) 負責。[1]

另一方面，在十三至十五世紀間，義大利計算書籍 (*libri d'abbaco*) 的激增，應該也是因應這種商業發展所帶起的風潮。從 1202 年（比薩的）李奧納多（Leonardo Pisano, 1170–1250，即斐波那契）出版他的《計算書》(*Liber abbaci*) 以來，這種專門為商人而寫的實用算術書，從十三世紀末開始出現。在一份由史家馮・艾格蒙 (W. Van Egmond) 所收集整理的義大利計算書籍手抄本的目錄中，1300–1500 年間共有 220 本這類書籍問世。

在十五世紀西歐印刷術發明之後，另一本內容更豐富、更學術性的計算書籍出版了。誠如我們在《數之軌跡 II：數學的交流與轉化》第 3.6 節所指出，那就是數學家盧卡・帕喬利 (Luca Pacioli, 1445–1517) 在 1494 年出版的《大全》。帕喬利在該書中處理了算術中從理論到實用的各個面向，並且明顯地將此書定位為商業工具用書，其中包含各式商業用途的表格，更有一章〈論紀錄與計算〉(*De computis*) 第一份複式簿記法的教材。數學家／普及作家德福林 (Keith Devlin) 在他的《數字人》中指出，像帕喬利這樣一位有數學能力之人，寫一本

---

[1] 參考比薩 (Pisa) 的計算學校之課程大綱 (1442)，德福林《數字人》頁 118–119。也參考《數之軌跡 II：數學的交流與轉化》第 3.5–3.6 節。

目標讀者群為商業人士的基本算術與實用代數之書，這就突顯如下一個事實：整個十三至十五世紀以及之後的時期，商業世界的需求大大地推動了歐洲數學、尤其是代數學的發展與擴張。

隨著政治局勢的變化，到十六世紀時，國際經濟貿易中心已經轉移到荷蘭。1581 年，在西班牙王國統治下的幾個西北歐低地國（包含當今的比利時、荷蘭、盧森堡）中，其北方的幾個新教徒省份反叛西班牙的統治，宣布獨立成為聯省共和國。往後的幾年，在南方的那些富有工匠與商人，紛紛遷移到阿姆斯特丹，讓阿姆斯特丹一躍成為新的世界貿易中心。當時荷蘭各階層的商業活動快速擴展，積極經營世界海運商務，更擁有公開股票交易的合夥制企業。1602 年，荷蘭東印度公司成立，壟斷亞洲貿易長達兩百年，而成為十七世紀最大的企業體。由於所有的荷蘭公民皆可購買此公司的股票，因此，1609 年，在阿姆斯特丹成立第一家證券交易所。在這樣的環境下，數學與會計自然成為荷蘭教育的重要學科之一。

現在，我們就以三位當代的荷蘭數學家為例，說明十六至十七世紀數學家如何在大環境的需求下貢獻所長，同時將擴展中的商業活動需求，作為用以完善自己的數學理論之推力。

1.2 西蒙・史提文

這三位荷蘭數學家中最為人所知的，就是西蒙・史提文 (Simon Stevin, 1548–1620)。史提文母親並沒有跟他的生父結婚，而是嫁給了一位從事地毯與絲料貿易的喀爾文教徒 (Calvinist)。史提文早年曾受僱書店員工與收銀，更曾在稅務機關擔任書記員。後來，他以三十五歲高齡進入興辦沒多久的萊頓大學 (University of Leiden) 就讀，並在此結識荷蘭親王莫里斯 (Maurits van Nassau)。莫里斯親王在父親被暗殺、哥哥又忠於西班牙的情形下，於 1584 年出任荷蘭的聯省共和國最高行政長官之後，才進入萊頓大學就讀。史提文與莫里斯從此變成非常親近的朋友，史提文甚至擔任親王的數學家教，而有機會發揮軍事以及工程方面的專長。

事實上，史提文是個多才多藝的數學家，除了數學之外，對物理、航海以及天文學等皆有涉獵，更擅長將理論知識應用到實務上。在與西班牙抗戰的那幾年裡，史提文曾任堰堤督察員管理水務，又當上聯省軍隊的行政長，建造防禦工事，以及提供與實施各種創新的軍事策略。除此之外，我們還必須提及他的另一項重要功績，他將數學知識結合到商人的技藝之中，讓親王將複式簿記的會計方法，應用到行政管理上。

西元 1585 年，史提文出版兩本重要的數學書籍，一本是只有 29 頁的小書《十進算術》(*De Thiendec*)，另一本則是論述算術與代數一般理論的《算術》(*L'Arithmétique*)。這兩本書一為理論一為實作，不難看出史提文想將數學知識理論與商業實作結合的企圖心。在理論部分，《算術》的重要性在於史提文於本書中最早明確地宣告「量」與「數」是一體的，因而吾人可以用整數的概念與運算法則，來處理無理量。他在《算術》一開始的兩個定義即是：

> 定義 1：算術是數目的科學。
>
> 定義 2：數目可用於解釋一切事物的量。

也就是說，我們可以不用像歐幾里得在《幾何原本》第 X 冊一般地細分無理（不可公度量）線段，同時，單位元素本身的意義也無須再爭議。這些通通都是數目，就依整數一樣的概念作運算即可，同時，他秉持「部分屬於全體」這樣的哲學信念，不必再區分離散（有不可分割的最小單位）與連續（可連續地分割）的量，他認為數是連續的，包括單位元素，可被連續的分割，這個概念應該是他發展十進制小數想法的基礎，亦即，我們可對單位元素進行任意細的劃分，以得到一系列盡可能多的位數。由此，類似像 $\sqrt{2}$ 之類的無理數就可用《十進算術》中的十進數系統，把 $\sqrt{2}$ 表示到任意想要的精確位數。

圖 1.1：史提文《算術》的扉頁

史提文在《十進算術》一開始就向占星學家（即當時的天文學家）、土地測量員、掛毯測量員、收稅官、一般立體幾何學家、鑄幣局長以及商人致意，表明這本書是為他們編寫。因為他了解這些人員在實際工作上，要面臨相當龐大、繁雜的計算工作，而且，還只能用分數進行計算，因此，他打算在該書中引入一種十進位數的表示方式，讓這群目標讀者明白「不用分數，它就會解決我們在商業活動中遇到的一切計算問題」。《十進算術》包含兩個部分：定義與運算，以及六個附錄，在四個定義中說明怎麼把數表示成十進數。他在定義一說明：「十進數是一種利用十進位的概念以及一般的阿拉伯數字的算術」，因此對他而言，十進數就是一種算術。

他以單位後面的⓪表示小數點，小數點後面數字中的①、②等表示單位後面 $\frac{1}{10}$ 的第一部分、$\frac{1}{100}$ 的第二部分等等，然後解釋像 3①7②5③9④就是 $\frac{3}{10}\frac{7}{100}\frac{5}{1000}\frac{9}{10000}$，即 $\frac{3759}{10000}$，因此，用現代的符號表示，3①7②5③9④就是 0.3759。

接著，他在運算部分中說明十進數的加減乘除運算規則，並以分數的表示方式證明。在除法部分還說明除不盡時，可「按題目的要求盡可能接近真值而省略餘數」、「近似比完美有用得多」以求得近似值；在除法之後的註二說明了十進數可用來求出與表示方根，並說明位數之間的關係。接著附錄一到附錄五舉出實際的應用例，將十進數用於一般測量、掛毯、桶子的度量計算，以及一般體積的度量計算與天文計算。讓人更感興趣的是附錄六〈各級造幣局長、商人、及一般人士的計算問題〉，史提文在此提出希望有統一的十進制的度量單位，有些單位的細分希望使用 5, 3, 2, 1 的小單位，並希望可以讓錢幣也使用十進制。最後這個附錄的想法，直到公制單位的使用才得以實現，然而，史提文在 1585 年就有這樣的想法，這種創見想必有相當多的部分，得力於商業與政府行政管理的實務工作吧。

約翰・胡德與德・維特

十七世紀的荷蘭商業貿易繁盛，這種經濟上的自由風氣，也影響了知識的追求。由於在知識對待上的寬容風氣，荷蘭聯省共和國吸引不少當時歐洲各地的文人雅士與科學家到此訪問居住。此時聯省共和國的行政管理者所需要的人才，也與一般君主體制不同，除了一般政治家所需要的知識之外，還必須是精通數學、會計學，以及商業貿易知識的專家。這樣的人才當然只能往數學圈裡網羅。當時，還真有這樣的人才，亦即本節所要介紹的約翰・胡德 (Johann van Waveren Hudde, 1628–1704) 與德・維特 (Jan de Witt, 1625–1672) 兩位數學家。

這兩位同世代的同胞數學家都出身荷蘭數學家范・舒藤 (Franciscus van Schooten, 1615–1660) 門下，他們同樣熱衷投入政治管理工作，顯然也因繁忙的行政管理工作分身乏術，限制自身數學才華的發展。同時，他們也都曾將數學理論應用在終生年金的問題上。德・維特於 1652–1672 年間擔任聯省共和國的大議長，在缺乏有效能的最高行政長官之情況下，他實際就是政府的領導者。在職期間，他將數學知識應用到金融與財政預算的問題上，他的著作《與贖回債券相比之終生年金的價值》(*The Worth of Life Annuities Compared to Redemption Bonds*, 1671)，是數學史上第一本將機率理論應用到經濟上的書籍。

事實上，早在中世紀時，銷售終生年金就是歐洲政府可靠資金來源之一。跟現在的年金相比，當時購買者要先支付一整筆的金錢給政府，政府再每年支付一定的金額，給購買者或其配偶到死亡為止。而贖回債券就像一種政府貸款，政府每年支付一定的利息給購買者，德・維特在該書中證明了對於同一位購買者，政府支付債券 4% 的利息會與支付終生年金 6% 有相同利潤。他將終生年金視為一種年金的加權平均，權重就是死亡機率（總和為 1），因而產生終生年金的現值。以現代的術語來說，德・維特將終生年金視為一種隨機變數的期望值。這種領先時代的洞察力，讓德・維特將數學理論與行政財務管理實務結合，進而在雙方面都有可觀的成果出現。

另一位數學家約翰・胡德也曾在終生年金問題上推得類似的成果。胡德從 1663 年開始他的從政之路，陸續在市政府與軍隊中擔任各種管理工作。大約 1670 年，他開始出任阿姆斯特丹市長職務，直到 1703 年為止。事實上，當時的阿姆斯特丹有四個市長，但是，法律規定他們每三年只能擔任實際執行者兩任，而胡德可以被重複任命那麼多次，可見他的能力應該備受信任與肯定。同時，他還在 1672 年時被任命為荷蘭東印度公司董事長，當時的聯省政府持有荷蘭東印度公司的股份，必須在財務透明與國家利益之間，做好平衡監督的工作，因此，擁有數學才能的胡德擔當大任，實至名歸。

胡德擔任荷蘭東印度公司董事長期間，將機率與統計理論應用到公司的資產管理上。他為各項商品指定適當的風險值，並設計了一種可預期未來二十五年獲利的統計方法。這些都必須是數學家並且熟悉會計作業的人才能做到。其實，商業會計領域開始使用機率與統計理論，也大約從這個時期開始。胡德在市政工作上，也曾試著將另一位荷蘭數學家惠更斯 (Huygens, 1629–1695) 與英國經濟學家葛蘭特 (John Graunt, 1620–1674) 開始發展的機率與人口統計學理論，應用到終生年金的問題上。1671 年，他打算在阿姆斯特丹市販賣終生年金，以為市府籌措資金，因此，他想要為終生年金訂出一個合理的價格。在 1670 年的 9 月與 1671 年的 10 月間，他二度針對終生年金的問題與德・維特通信聯絡，在這兩封信中，他也曾構造所謂的死亡定律 (law of mortality)。[2]胡德的建議最後在 1672 與 1674 年被市政府用來

---

[2] 葛蘭特依靠收集資料所建構的生命表，來呈現各個年紀的存活率。這個表公開了之後，許多數學家都曾試著想要用比較簡單的數學定理或定律，來描述它所呈現的數學公式，也就是所謂的死亡定律。

設立終生年金。

正如前述，德・維特與約翰・胡德都出身范・舒藤門下，當然熟知當時一些熱門的數學議題。他們倆人的研究成果，也都曾在范・舒藤編輯的笛卡兒《幾何學》(*La Géométrie*) 譯本中作為附錄出版。胡德曾就最大值與最小值的求法做過研究，他所提出的胡德法則 (Hudde's rule) 可以應用於笛卡兒求法線的方法與求多項式函數的極值，因此，他也捲入了牛頓與萊布尼茲關於微積分發明優先權的爭論戰火之中。另一方面，德・維特在二十三歲時已完成了他最重要的著作《曲線基礎》(*Elementa Curvarum Linearum*)，不過，因為忙於政治公務，沒時間進行出版準備與編輯的工作，一直到 1660 年才出現在范・舒藤版《幾何學》的附錄中。這是數學史上第一份有系統地以解析幾何方法，討論直線與圓錐曲線的著作。在其第一部分中，德・維特以傳統綜合幾何 (synthetic geometry) 的方法，推導圓錐曲線的性質，第二部分則運用了在當時還是相當新潮的想法，以費馬與笛卡兒的解析精神，論述圓錐曲線的分類與性質，解決了二次方程式軌跡問題的所有細節。

我們回頭再細究荷蘭共和國這三位傑出數學家的求學背景，他們都是萊頓大學出身。萊頓大學由莫里斯親王的父親在 1575 年創校，1600 年時，莫里斯親王要求史提文幫忙設立工程學院，並且堅持此學院內的所有課程，要以荷蘭語教學。在當時沒有數學系的萊頓大學，此工程學院的數學講座自然得以吸引一些其他學院的學生如約翰・胡德與德・維特，他們的數學教師范・舒藤當時正是工程學院的數學教授。一流大學與學院的創立在人才養成上的重要性，由此可見一斑。另外，數學家所處的社會脈絡與環境因素，確實影響數學家研究與實作的方向，荷蘭這三位數學家都是數學素養與商業實務結合完美範例。

 十六世紀歐洲數學的主角：三角學

在前文敘述中，我們可以發現十六至十七世紀歐洲的數學發展，有一部分與商業活動息息相關。其中，海洋貿易與航海探險也帶動了一門數學研究主題，亦即三角學的發展。十六世紀之前的三角學主要是由天文學家發展出來的，源自於觀測星象所衍生的需求，譬如計算行星到地球的距離、運轉角度、週期、軌道半徑等。

然而，十五至十六世紀世界貿易帶起的航海需求與探險風潮，解決航海技術方面的問題就變得非常重要，長程的遠洋航行全仰賴天文學以及對球面三角幾何的深入了解。在遠程航海中，最重要的技術就是導航，包含定位與確定航行路徑，當時迫切需要的是一張經緯線間距盡可能不失真的航海圖。同時，在陸地上不僅土地測量有經濟上考量，還有軍隊打仗布署的需求，因此，為了繪製出精準的部分區域與廣域地圖，此時必須解決如何準確地畫出陸地邊界、算出距離與方位等問題。再加上原本天文學與占星上的需求，三角學從 1540 年代開始，就成為數學家的主要課題之一。數學史家葛羅頓一吉尼斯 (Grattan-Guinness) 將 1540–1660 年的歐洲數學史刻畫成三角學的時代，的確很有見地，因為這個年代的數學家或科學家，幾乎都有應用三角學的經驗。[3]

[3] 參考 Grattan-Guinness, *The Fontana History of Mathematical Sciences*, pp. 174–176。

1.5 麥卡托投影法與三角學

在繪製地圖時，由於不可能將球面完全「準確地」攤平在平面上，[4]因此，製圖者必須針對投影法的特性做出選擇。以長程海洋航行而言，在導航的過程中，最重要的羅盤方位線，也就是斜駛線 (loxodrome) 最好是一條直線，此時只要讓羅盤保持一定的角度，即可駛向目的地。這個問題一直到 1569 年才被麥卡托 (Gerardus Mercator, 1512–1594) 以新的投影法加以解決。圖 1.2 為 1569 年麥卡托繪製出版的世界地圖，其中地圖中的經緯線各為直線且保持垂直，但緯線間的距離並不相等，尤其在兩極附近，國家面積明顯變大許多。不過，麥卡托宣稱在他的地圖上羅盤方位線是直的，航海家在起點與終點間的航道，就是地圖上相對應兩點間的直線段。當時，麥卡托並沒有解釋他的數學原理，直到英國航海家賴特 (E. Wright) 在 1599 年出版《航海中的錯誤》(*Certain Errors in Navigation*) 時，才以類比的方式論證了麥卡托地圖的正確性。

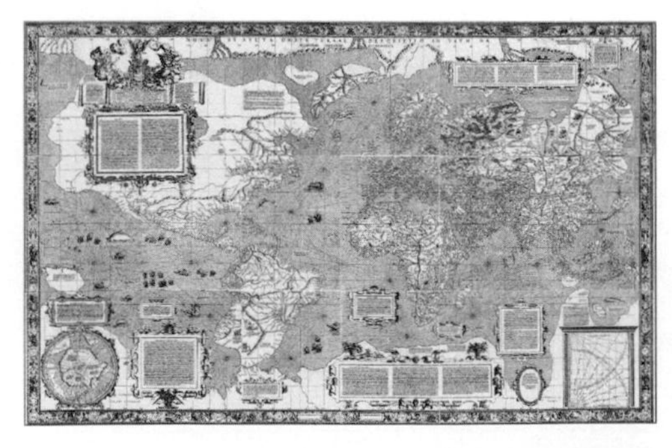

圖 1.2：1569 年麥卡托出版的世界地圖

---

[4] 從後見之明來看，這是因為球面與平面的高斯曲率不相等，故球面無法攤成平面。

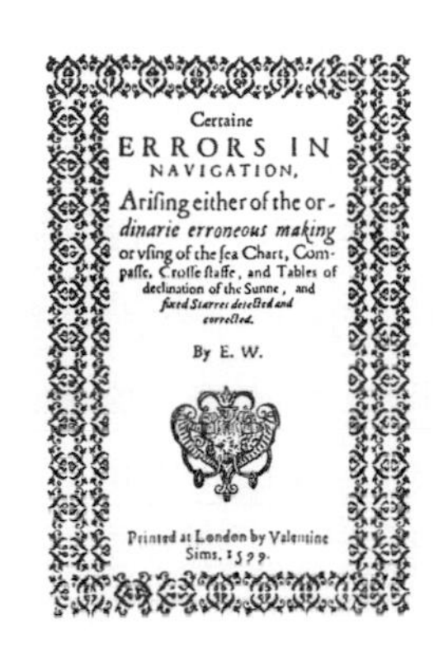

Certaine
ERRORS IN
NAVIGATION,
Ariſing either of the or-
dinarie erroneous making
or vſing of the ſea Chart, Com-
paſſe, Croſſe ſtaffe, and Tables of
declination of the Sunne, and
fixed Starres detected and
corrected.

By E. W.

Printed at London by Valentine
Sims. 1599.

圖 1.3：賴特《航海中的錯誤》第一版扉頁

這個現在所稱的麥卡托投影法，是一種光源在球心，將球體投影到圓柱的投影法。賴特將它比喻成在圓柱內有一個均勻膨脹的球（地球儀），一直膨脹到此球赤道上的每一個點均與圓柱相切，因此，經度差相同的子午線被投影成距離相等的平行線，但事實上在不同的緯度圈上，同樣 1° 差的經線間距並不相同。如圖 1.4，在緯度 θ 時，$\widehat{CD}=\widehat{AB}\cos\theta$，若相對投影點為 A'、B'、C' 與 D'，為了保持間距一樣，就必須使 $\overline{C'D'}=\widehat{CD}\sec\theta$，意即在緯度 θ 時，投影後兩條經線間的距離縮放了 $\sec\theta$ 倍。因此，若要維持水平與垂直方向的縮放比例一樣，緯度之間的距離就不會相同，且可以用 θ 的函數來表示。

以現代的符號解釋，令 $f(\theta)$ 為地圖上赤道到緯度 θ 處的高度，當 θ 有一微小的改變量 $d\theta$ 時，此時所引起的高度變化量為 df，其中 $df=d\theta\cdot\sec\theta$。現代以積分的方式，很容易就可算出從赤道到緯度 θ 間的高度。不過，賴特當然沒有積分這個工具，因此，他以 $1'$ 當成微小的 $d\theta$，再計算與 $\sec\theta$ 的乘積，就可算出緯度增加 $1'$ 時所增加的高度，並計算了緯度 75° 以內相對應的高度。在第一版《航海中的錯誤》裡，他給出一張長達 6 頁的簡略表格，不過，在 1610 年的第二版中，他就給出了長達 23 頁的完整表格，而且正確性相當高。由於麥卡托投影的特性，亦即，在小區域內會是一個保角變換，兩點之間的連線與經線的夾角維持不變，因此，特別適合在航海中使用。不過，它也有個缺點，就是在高緯度地區之面積會變形。

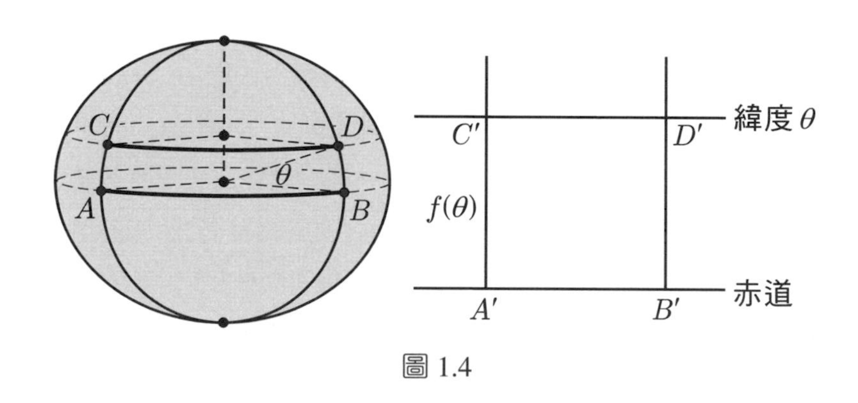

圖 1.4

地圖與航海圖的製作也引發數學專業的分殊發展，而這個插曲與迪伊 (John Dee) 有關。[5]他在一次訪問歐洲大陸的旅途中，認識了麥卡托，並帶回幾個麥卡托的地球儀，可能還與賴特討論麥卡托投影的數學原理。這個有關原理依據的探討，在涉及距離的測量之外，還必須運用新的儀器或工具如經緯儀來度量角度。因此，這些從事製圖學、地形學以及測量研究的專家都自稱為**「幾何學家」(geometer)**，顯然意在擷取這個名詞的古老固有含意：geometer（大地測量者），[6]但卻

[5] 有關約翰・迪伊的傳記，可以參考劉雅茵，〈約翰・迪伊：一個有神祕色彩的數學家〉。

無意中「踐踏」了原先實作只測量距離的「數學家」(*mathematicalls*/mathematician)。因此，數學家這個用詞在英國從十七世紀以後，就代表一個（學術）地位低於幾何學家的專業，直到兩個世紀以後才有所改變。[7]不過，牛津大學的「數學」講座從（製作常用對數的）布里格斯 (Henry Briggs, 1561–1630) 首任以來，就一直稱之為 Savilian Professor of Geometry，始終不變。

1.6 雷喬蒙塔努斯與《論各種三角形》

賴特要計算緯度高度，必須借助於三角學，也必須有三角數值表的幫助才能進行計算。在十六世紀之前，三角學的發展問題大都由天文學家提出，但是，在天文學家穆勒或稱為雷喬蒙塔努斯 (Johann Müller/Regiomontanus, 1436–1476) 出版《論各種三角形》(*De Triangulis Omnimodis*) 之後，三角學逐漸獨立成為數學家研究的主題之一。[8]

雷喬蒙塔努斯在維也納大學就讀時，[9]遇到數學家／天文學家佩爾巴赫 (Georg von Peuerbach, 1423–1461)，兩人亦師亦友的關係持續到佩爾巴赫英年早逝。後者這位托勒密的崇拜者在逝世之前，託付雷喬蒙塔努斯一定要完成托勒密《大成》(*Almagest*) 的翻譯工作。因此，雷喬蒙塔努斯開始學習希臘文與拉丁文，接受樞機主教貝薩里翁

[6] 在古埃及，這是指「拉繩索的人」(rope-stretcher)。參考奔特等，《數學起源：進入古代數學家的另類思考》，頁 5–6。

[7] 參考 Grattan-Guinness, *The Fontana History of Mathematical Sciences*, p. 196。

[8] 有關三角學的歷史，毛爾 (Eli Maor) 的《毛起來說三角》非常值得參考閱讀。

[9] 雷喬蒙塔努斯（Regiomontanus 源自拉丁文 *Regio Monte*）之名較為風行，一般史書論述皆採之。中國明末，他的中文譯名則稱之為「玉山若干」。

(Cardinal Bessarion) 的贊助，旅行各地結識學者，蒐集古文獻，於 1462 年完成《托勒密大成之概要》(*Epitome of Ptolemy's Almagest*)。在它的扉頁插圖中，左邊為托勒密，正讀著《大成》，右邊即為雷喬蒙塔努斯，認真聽著托勒密的講解，並指向托勒密作品中所描述的井然有序的天體模型（圖 1.5）。這本書十分暢銷且影響深遠，後來哥白尼與克卜勒對托勒密體系的理解皆出自此書。

西元 1423 年，雷喬蒙塔努斯出生於離哥尼斯堡 (Konigsberg) 不遠的恩分登 (Unfinden)，因此，他的拉丁文名字叫 *Regio Monte* 就是指哥尼斯堡。他在大學畢業後，曾遊學四方，足跡遍及希臘及義大利，特別是到當時的政治、商業及學術中心，如帕多瓦 (Padua)、威尼斯及羅馬等地遊學。由於他也精通占星術，因此，在這段時間他極有可能依賴這門技能賺取生活費。

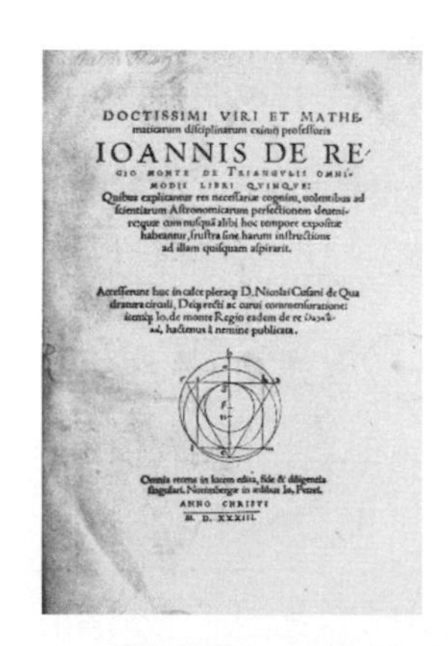

DOCTISSIMI VIRI ET MATHEmaticarum disciplinarum eximii professoris
IOANNIS DE REGIO MONTE DE TRIANGVLIS OMNIMODIS LIBRI QVINQVE:
Quibus explicantur res necessariae cognitu, volentibus ad scientiarum Astronomicarum perfectionem deueniri, quae cum nusquam alibi hoc tempore expositae habeantur, frustra sine harum instructione ad illam quisquam aspirarit.

Accesserunt huc in calce pleraque D. Nicolai Cusani de Quadratura circuli, Deque recti ac curui commensuratione: itemque Io. de monte Regio eadem de re ..., hactenus à nemine publicata.

Omnia recens in lucem edita, fide & diligentia singulari. Norimbergae in aedibus Io. Petrei.
ANNO CHRISTI
M. D. XXXIII.

圖 1.5：《托勒密大成之概要》扉頁　圖 1.6：《論各種三角形》扉頁

在完成《托勒密大成之概要》的過程中，雷喬蒙塔努斯意識到需要一套系統論述的三角學，來支撐天文學，因此，在 1464 年就已經完成《論各種三角形》(圖 1.6)，卻要等到 1533 年才出版。這是一本系統地解釋各種解三角形方法的書，他在序文中寫道：

> 想要探究偉大而奇妙事物的你，好奇天體運動原理的你，必須先閱讀這些關於三角形的定理……因為沒有人可以繞過三角形的科學知識，而獲得滿意的天體知識……

雷喬蒙塔努斯以類似《幾何原本》的架構來呈現他的著作，此書共五卷，在給出定義之後，他列了一張會使用到的公理表，然後是 56 個幾何定理。他所提出的基本概念之定義如下：量、比率、等量、圓、弧、弦以及正弦。其中，他根據印度學者的想法定義正弦：「把弧及弦平分後，我們稱這個半弦為半弧的正弦。」此時，他還延續著托勒密的習慣，為了天文學使用方便，將正弦依賴在某個特定半徑的圓來定義，他使用的半徑為 60000，並在書後附了一張基於此半徑的正弦表，然後，全書依此正弦表解決所有三角形中的問題。

　　《論各種三角形》前二卷論述平面三角形，後面三卷處理球面三角形。如果從數學概念上來說，雷喬蒙塔努斯的論述並無特別之處，但是，與早期歐洲作者不同的是，他會在論述之後，加上清晰準確的例題，正如他在序言所說的，出現問題時可以「由無數例子中得到幫助」。譬如，在第一卷的定理 29 論述直角三角形中給定一銳角和一邊長，如何確定未知邊長，並給出一個例題說明。第二卷第一個定理即是正弦定理，只是以文字說明的方式呈現：「在每一直線三角形中，邊與另一邊之比等於一邊對角的正弦與另一邊對角的正弦之比」，為遷就正弦的定義方式，他認為「這些正弦必須是同半徑或等半徑圓的正弦」，其證明形式與我們常用的方式不同。茲以現今的符號敘述如下：

如圖 1.7，在三角形 ABC 中，因為 $\overline{AC}>\overline{AB}$，所以，分別以 B、C 為圓心 $\overline{AC}$ 為半徑畫圓，則 $\angle B$ 所對的正弦值為 $\overline{DH}$，$\angle C$ 所對的正弦值為 $\overline{AK}$，同時，$\triangle BDH \sim \triangle BAK$，因此 $\dfrac{\overline{BD}}{\overline{AB}}=\dfrac{\overline{DH}}{\overline{AK}}$，即 $\dfrac{\overline{AC}}{\overline{AB}}=\dfrac{\angle B\text{ 之正弦值}}{\angle C\text{ 之正弦值}}$，故得證。

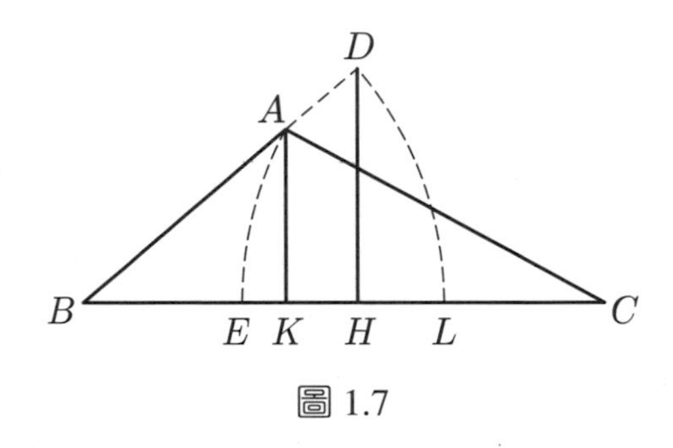

圖 1.7

因應不同的定義脈絡而有不同的證明形式，或許雷喬蒙塔努斯的這個正弦證明方式，就是一個絕佳例證，可以帶給我們些許認知趣味。如有機會引進高中教學現場，應該也會帶來一些啟發。在第二卷中，他也給出了兩邊夾一角的三角形面積公式；第三、四、五卷內容則主要為應用在天文學上的球面三角學。

雷喬蒙塔努斯的《論各種三角形》出版之後，在十六世紀後三分之二的時間內，共有大約 20 本有關三角學的著作問世，內容大都與此著作雷同。其中較為重要的作者，就有編輯哥白尼《天體運行論》(1543) 的瑞提克斯 (G. J. Rhetics)。他在 1541 年時，先出版了《天體運行論》中有關三角學的部分，同時，加上他自己計算的正弦值表與餘弦值表，並在書名頁清楚指明作者為哥白尼。這是餘弦值表史上第一次的出版，不過，在此書中，他固定三角形較大的一邊後，直接用直角三角形定義，此時固定斜邊，稱正弦為「垂線」，餘弦為「底線」。

另一方面，在芬克 (T. Fincke, 1561–1656) 於 1583 年完成的《圓與球的幾何》(*Geometriae rotundi*) 中，首次使用了現代的「**正切**」與「**正割**」這兩個名詞。這本共有 14 卷、大約 400 頁的書，其中三分之一的篇幅都是跟三角測量有關的表格，也首次出現我們現在常用的一些縮寫，例如 sin、tan、sec，同時，他將其餘三種稱為補弦 (sin. com)、補切 (tan. com)、補割 (sec. com)。[10]雖然上述這些書籍都是在論述平面三角形與球面三角形的相關理論，不過，它們只用數值例子，來說明描述或演示這些方法。

至於 trigonometry 這個名詞，則要到 1595 年才首次被使用，並真正將這些理論應用在測量或天文的實際問題上。當年，波蘭數學家皮蒂斯楚斯 (Bartholomeo Pitiscus, 1561–1613) 在一篇著作標題中，首次使用這個名詞。這部著作的修訂版在 1600 年單獨成書出版，書名為《三角學，或三角形測量之書》(*Trigonometriae sive de dimensione triangulorum libri quinque*)（圖 1.8）。在這本包含三個部分的著作中，其第三個部分（共有 10 卷內容），討論了土地測量、高度測量、日晷測量，以及天文學上的相關問題。不過，作者所應用的這六個三角比，還是定義在某一圓的固定半徑上。

總而言之，雷喬蒙塔努斯為三角學打開了一扇大門，讓它正式地成為數學家的研究主題之一，而不再附屬於天文學研究。甚至在許多

---

[10] 「補弦」譯自英文 "sine complement"，取 complement 有補充之意，與現在的補角意義不同，現代用語為「餘弦」，其餘亦同。參考自卡茲，*A History of Mathematics*, 3rd Edition, p. 439。

年之後，三角函數的應用已不再侷限於天文與測量，而在許多數學分支領域中，都占有舉足輕重的地位。雷喬蒙塔努斯在強調著三角學為學習天文學的必要知識時，應該想像不到三角學在他之後的蓬勃發展。前輩數學家的心血結晶的研究著作，只要留存了下來，必定會給後輩一些啟發，進而促進新的研究與發展。人類的知識就是這樣傳承與衍生的吧。

圖 1.8：《三角學，或三角形測量之書》扉頁 (1612)

 對數的發明

在三角學的世紀中，對數學家來說，有關對數概念之湧現似乎沒有那麼「夢幻」，因為十六、十七世紀數學家在試圖將「**乘法化為加法**」以簡化計算時，其「發想」應該是緣自三角學的四個統稱為加減法則 (Prosthaphaeresis) 的「**積化和差**」公式。以 544.6×12.18 為例，藉助正弦、餘弦表，可得（有近似相等的情況）：

$$\begin{aligned}
&544.6\times 12.18\\
&=10^5\times 0.5446\times 0.1218\\
&=10^5\times \cos 57°\times \sin 7°\\
&=10^5\times (\frac{1}{2})\times [\sin(57°+7°)-\sin(57°-7°)]\\
&=10^5\times (\frac{1}{2})\times [\sin(64°)-\sin(50°)]\\
&=10^5\times (\frac{1}{2})\times (0.8988-0.7660)\\
&=6640
\end{aligned}$$

根據上述計算的模式，以及等差與等比數列的對照關係，[11]出身蘇格蘭豪門世家的納皮爾 (John Napier, 1550–1617) 於 1590 年左右，開始思考如何化乘除為加減，其關鍵切入點是：要是能將任何數寫成為 a 的某次方，兩數相乘便可輕易進行。「但如何選擇適當的 a 值，可以和足夠多的整數相對應，成了納皮爾最大的課題。」[12]他最後選定 $a=1-10^{-7}$，一個十分靠近 1 的數，這是因為他沿用當時三角學的進路，將單位圓的半徑分成 10^7 等分，然後考慮等比數列 $\{10^7(1-\frac{1}{10^7})^n\}$

---

[11] 在納皮爾之前，法國數學家許凱 (Nicolas Chuquet, 1445–1488) 及德國數學家史蒂菲爾 (Michael Stifel, 1487–1567) 就已觀察到等差數列與等比數列之間的對應關係，將等比級數中任兩項相乘，則其乘積所對應之指數，會等於原先那兩項所對應的指數之和。不過，由於他們對負數尚有疑慮，因此，他們兩人都不考慮負指數。還有，他們也只考慮整數指數。這兩位數學家的略傳，可參考《數之軌跡 II：數學的交流與轉化》第 3.8.1–3.8.2 節。

[12] 引蘇俊鴻，〈對數的誕生〉，本節主要改寫自前文與蘇惠玉的〈拯救數學家壽命的發明〉。

（只取整數部分），如此一來，凡是小於 10^7 的整數都會等於某個 $10^7(1-\frac{1}{10^7})^n$。於是，當 $x=10^7(1-\frac{1}{10^7})^n$ 時，就稱 n 是 x 的「(納皮爾）對數」。

根據納皮爾的說明，對數的英文字 logarithm 源自希臘文的 *logos* 與 *arithmos*，前者有比 (ratio)、比例的意思，後者則有數（目）理論的意涵。[13]這多少也解釋了他在《如何建構對數的奇妙準則》(*Mirifici Logarithmorum canonis Constructio*) 中，如何利用運動學來解釋他所發明的對數法則。這部著作由納皮爾的兒子在他死後整理而成並於 1619 年出版。

不過，納皮爾對數與我們使用的對數略有差異，首先，納皮爾對數為 0 的真數值是 10^7，而非我們今日的 1。還有乘積的對數等於個別對數的和這一公式並不成立：若 $x_1=10^7(1-\frac{1}{10^7})^{n_1}$, $x_2=10^7(1-\frac{1}{10^7})^{n_2}$，則 $\frac{x_1x_2}{10^7}=10^7(1-\frac{1}{10^7})^{n_1+n_2}$，它多了一個必須處理的 10^7。

儘管如此，納皮爾的《對數的奇妙準則》(*Mirifici Logarithmorum Canonis Descriptio*, 1614)（原版為拉丁文）一經發表，就掀起洛陽紙貴的風潮，應東印度公司 (East India Company) 之要求，兩年後英文版跟著問世。不過，其中最有名的故事，就是在 1616 年，倫敦格萊斯罕學院 (Gresham College) 幾何學教授布里格斯艱苦地跋涉到蘇格蘭去拜訪納皮爾爵士。布里格斯與納皮爾兩人會面時，互相仰慕地注視對方的十五分鐘靜默，仍然是令人屏息的一段歷史插曲。數學史家 John

---

[13] 數學史家葛羅頓—吉尼斯另有一解：表達式之數 (number of the expression)，參考 Grattan-Guinness, *The Fontana History of Mathematical Sciences*, p. 218。

Fauvel 與 Jan van Maanen 在他們合編的 HPM 專書 *History in Mathematics: The ICMI Study* (2000) 的序言中，分享這個故事的多層意義，以及如何引進教育現場，而發揮它對數學的教與學之啟發作用。茲引述當時在現場陪同接待的納皮爾好友約翰・馬爾 (John Murr) 的回憶，以供讀者參考：

> 一切發生在正當納皮爾因為長久等待打算放棄希望的那一天，當時納皮爾爵士正和約翰・馬爾聊到布里格斯先生時說：「喔，約翰，布里格斯先生應該不會來了。」這時一陣敲門聲響起，約翰・馬爾急忙跑去開門後發現是布里格斯先生，興奮地將他帶往爵士的房間，他們倆一見面後彼此懷著仰慕之情緊握雙手，不發一語地沈浸在感動之間達十五分鐘之久，後來布里格斯先開口說：「我尊敬的爵士，我完成這次漫長的旅程只為了要親自見您一面，並且想要瞭解起初到底是什麼樣智力或創造力的引擎 (Engine of Wit or Ingenuity) 讓您想到這麼優秀的天文學助力 (Help unto Astronomy)，亦即對數 (Logarithms)；但是，我尊敬的爵士，現在是你發現了，不過我很好奇在此之前為何沒有其他人發現，現在看來它是如此簡單。」之後布里格斯豪爽地接受了納皮爾爵士的款待。從此之後，在納皮爾爵士活著的每一個夏天，布里格斯都會到蘇格蘭拜訪他。[14]

---

[14] 這是蘇惠玉的中譯版本。引蘇惠玉，〈布里格斯的《對數算術》與對數表的製作〉，《HPM 通訊》17(6): 11–18。

在會面的討論過程中，布里格斯建議納皮爾可以把 1 的對數定為 0，另外改成以 10 為底。納皮爾欣然接受，不過，他年事已高，已經沒有心力再製作一套對數表，因此，他希望布里格斯接手這個工作。布里格斯於 1624 年出版《對數算術》(*Arithmetica logarithmica*)，列出從 1 到 20, 000 ，以及從 90, 000 到 100, 000 所有整數以 10 為底的對數，精確到小數點後第 14 位。後來由荷蘭的出版商弗萊克 (Adriaan Vlacq, 1600–1667) 修補，於 1628 年收入第二版的《對數算術》中，這份對數表一直沿用到二十世紀。

有關對數發明的重大意義，十八世紀法國數學家拉普拉斯 (Pierre-Simon Laplace, 1749–1827) 的評價最發人深省，他說對數的發明「以其節省勞力而使天文學家的壽命延長了一倍」。拉普拉斯在天體力學上有著不朽的貢獻，因此，他自己絕對就是受惠者之一。

在結束本節之前，我們還須要提及德國（或瑞士）數學家布吉 (Jost Burgi, 1552–1632)。克卜勒在將他製作的《魯道夫天文表》獻給神聖羅馬皇帝魯道夫二世 (Rudolph II) 時，曾在序文中推崇布吉，指出他發明對數的時間是在納皮爾之前，可惜因為不擅推廣，所以罕為人知。[15]

1.8 文藝復興與希臘典籍的重現

西元 1464 年 2 月，雷喬蒙塔努斯寫信詢問北義大利費拉拉大學的數學與天文學家比安基尼 (G. Bianchini)，是否能找到丟番圖

---

[15] 有關布吉傳記，可參閱 MacTutor 網站：
https://mathshistory.st-andrews.ac.uk/Biographies/Burgi/。

（Diophantus，約 200–284）《數論》(*Arithmetica*) 的完整版，他自己手上持有的並不完整。事實上，到今天為止，也沒人能找到《數論》的完整版。然而，雷喬蒙塔努斯對丟番圖《數論》的發現與追尋，已經為這本書在歐洲打開知名度了。

此時，雷喬蒙塔努斯對古代典籍的興趣並不是個案，而是一股大約從這個世紀開始，持續到十七世紀的文化風潮。這段時期不管是政治、宗教、哲學、藝術、文學與科學研究，都指向當前社會現況的批判，並積極尋找一切「復興」與「再生」的新路徑。這個時期顯現出的文化特色，明顯地與中世紀不同，因此，才讓史學家創造了**文藝復興 (Renaissance)** 這個詞彙來統稱這個時代的特色，儘管現代學者對這個詞彙的使用有些爭議，它仍是對十四到十七世紀這段西方歷史時期的一個通用稱呼。在此，我們僅用「文藝復興」來代表一段有其文化特色的歷史。

文藝復興時期的知識基礎，來自這段時期特有的**人文主義 (humanism) 風潮**。那是一種對古代典籍的研究，不僅是對古希臘與古羅馬典籍的再發現，還重新加入了批判思考，促成一種徹底不同的新型態文化變革。在這些劇烈的變革中，有許多的因素交互影響，其中，經濟貿易的改變帶動城市與商人的興起，資產與財富自然帶來了影響力。遠洋貿易帶動的地理大探險熱潮，也開闊了人們的眼界與思考界線，更帶來大量的新知識，與激發人們對新事物的想像與渴求。更重要的，是對天主教的不滿與改革所帶來的自由思考。所有這些種種因素，都刺激著人們尋求解決人類、自然與社會秩序問題的新方法，而這些新方法的寶庫之一，就是古希臘的學術典籍，其中重要的知識寶藏，無疑就是數學典籍。

對古希臘典籍的首次接觸，反而要透過阿拉伯世界的穆斯林才得以實現。何以這些古典的文獻反而需要透過阿拉伯語的翻譯、或是來自君士坦丁堡的希臘學者，才得以在歐洲再次流傳？在羅馬帝國東西分治以後，在東邊的政權被稱為東羅馬帝國，十六世紀後為了與神聖羅馬帝國區分，學者們改稱其為拜占庭帝國。這個在東邊的帝國部分本來就較為崇尚希臘文化，以希臘語為日常語言，七世紀後更成為官方語言，甚至宗教也是以基督教所裂分出來的希臘東正教為主，不再尊奉另一支的羅馬天主教。

在十一個世紀的悠久歷史中，拜占庭帝國保存了古希臘與羅馬的史料、著作與哲學思想。當時帝國領土位於歐洲東部，還曾包括亞洲西部與非洲北部，在東邊與波斯及伊斯蘭哈里發交界。在第六、七世紀時，拜占庭帝國飽受伊斯蘭教徒的侵犯之苦，還曾被包圍到君士坦丁堡周圍，有些古希臘典籍就這樣隨著戰爭的掠奪，流落到伊斯蘭世界之中。

這些新興的伊斯蘭軍隊的攻掠行動在西元 732 年停止之後，開始管理與統治伊斯蘭這個龐大的帝國 。 西元 786–809 年間的統治者哈倫・賴世德 (Harun al-Rashid) 哈里發 (khilāfa) 在巴格達建立一座圖書館，從近東地區各類機構收集了大量手稿，其中包含了許多古希臘數學與科學的文獻，並開始了將這些文獻翻譯成阿拉伯文的計畫。哈倫的繼任者馬蒙 (Al-Ma'mūn) 哈里發更創建了智慧宮 (Bait al-Hikma/House of Wisdom)， 廣邀各地區學者到這個機構進行翻譯與研究的工作，到了九世紀末，希臘數學家歐幾里得（Euclid，約西元前 325–前 265）、阿基米德 （Archimedes ， 西元前 287–前 212）、阿波羅尼斯（Apollonius ，約西元前 262–前 190）、丟番圖 、托勒密 （Claudius Ptolemy，約 85–165） 以及其他古希臘數學家的主要著作，都翻譯成阿拉伯文，供受僱於巴格達智慧宮的學者研究使用。[16]

隨著十字軍東征與貿易商業的交流，這些古希臘典籍的阿拉伯文譯版再次流傳回到歐洲。而原先居住在拜占庭帝國中心的部分希臘學者，由於生活貧困不得不遷徙至義大利；而那些仍然居住在君士坦丁堡的學者，在 1453 年鄂圖曼土耳其人攻入君士坦丁堡（今日的伊斯坦堡）之後，帶著許多的希臘著作、手稿也陸續地移居到義大利，再經由義大利流入歐洲，因此，在十五世紀時，直接從希臘原稿翻譯成拉丁文已經完全可能了。再者，由於活字印刷術的發明、經由中國工匠所學得的製紙技術，使得知識的傳播速度更可以加速許多。

雖然我們在一開始以雷喬蒙塔努斯為例，說明當時數學家對《數論》的熱衷追求，然而，在十五、十六世紀時，幾何仍是數學的研究中心，文藝復興的學者們開始對希臘幾何展開研究，自然不會錯過歐幾里得的《幾何原本》。當時有多種拉丁文譯本的《幾何原本》，歐洲大學中的數學課程主要也以《幾何原本》為主，不過畢竟不是太多人懂得拉丁文，為了「在地化」，《幾何原本》在十六世紀出現了各國語言的譯本，包括義大利文、德文、法文、西班牙文與英文。這麼多語言的譯本，讓人不禁好奇每一本書的譯者對《幾何原本》的詮釋都一致嗎？

在這麼多譯本中，其中比較特殊的一部，是 1570 年英國商人兼倫敦市長亨利・比林斯利 (Henry Billingsley) 的譯本。[17]此譯本長達近 1000 頁，包含了全部的 13 冊正文，以及長期以來被認為是歐幾里得

---

[16] 參考卡茲，《數學史通論》(第 2 版)，頁 190。也參考《數之軌跡 II：數學的交流與轉化》第 2.1 節。

[17] 數學史家徐義保 (1965–2013) 認為這個版本（圖 1.9）就是偉烈亞力、李善蘭合譯《幾何原本》後九卷的母本。參考 Xu, "The first Chinese translation of the last nine books of Euclid's *Elements* and its source"。

著作的另三本譯本，還有大量其他作者撰寫的附錄與註釋，更有一些可折疊的立體圖片。其中最引人注意的部分，反倒是由十六世紀英國著名學者（也是伊莉莎白一世的國師）約翰・迪伊 (John Dee, 1527–1609) 執筆的〈數學序言〉。他在這篇序言中，詳細描述了需要數學的 30 多個不同領域，並指出它們之間的相互聯繫，為此，他還編制了一張框圖，幫助我們概覽文藝復興時期「應用」數學的風貌。[18]

圖 1.9：比林斯利的英文譯本扉頁 (1570)

在進行古文本的重現與解讀時，研究者的解讀思維與方法會對文本內容的重現有重大的影響。若以 2001 年阿基米德文獻的重現為例作為標準，我們當可稍微認識與理解文藝復興學者，在翻譯與解讀這些古文獻時所面臨的難題，如此，吾人在針對翻譯再現後文本內容的研究時，也能對詮釋者可能產生的誤解稍加留心。1998 年 10 月 29 日在紐約佳士得拍賣場，有一部以高價 220 萬美金售出的古書，它是教士

[18] 參考劉雅茵，〈約翰・迪伊：一個有神祕色彩的數學家〉。

約翰・麥隆納斯 (Ioannes Mylonas) 在西元 1229 年 4 月 14 日所抄寫的祈禱書，為的是在耶穌復活周年日，當作禮物獻給教會。至於所使用的再生羊皮紙，則是取原載有阿基米德的著作《平衡平面》、《球及圓柱》、《圓的測量》、《螺線》、《浮體》、《方法》、《胃痛》以及其他內容的羊皮書，刮掉文字再度使用，因而這部祈禱書也稱為再生羊皮書。

這部再生羊皮書的解讀工作由數學史家雷維爾・內茲 (Reviel Netz) 負責，根據這些新出現的內文解讀，讓我們對阿基米德的數學理解與見識，有了不一樣的認知，尤其是阿基米德在處理有關無窮之問題上的洞見，已經超越了古希臘只能用潛在無窮的 (potentially infinite) 程序性手段處理的思想框架。

數學史家內茲研究古代數學文本時，基於認知科學之洞識，他總是想知道：

> 數學經驗是什麼：它怎樣印入心靈之眼 (the mind's eye) 中？我確信要了解其意涵，我們必須能夠閱讀正確翻譯的數學，此種翻譯必須保持原作者的架構，因為從此架構我們可看出古人是怎樣看待他們的科學的。

簡單地說，從認知科學觀點切入，文本的**形式 (form)** 與**內容 (content)** 同樣重要，認知與邏輯，抽象觀念與具體圖像，終究無法分離。古代文本的一個「當代」詮釋，顯然也必須顧及詮釋者的理論與實作之結合。當文藝復興這些人文主義者（humanist，本義如前所述，是版本校勘學者）大量翻譯古希臘的典籍之後，古希臘經典的數學著作隨著翻譯作品的出版，而逐漸讓學者產生巨大的興趣，然而，這些翻譯者大部分不是數學專家，譯文難免有誤，而且這些數學著作幾個世紀以

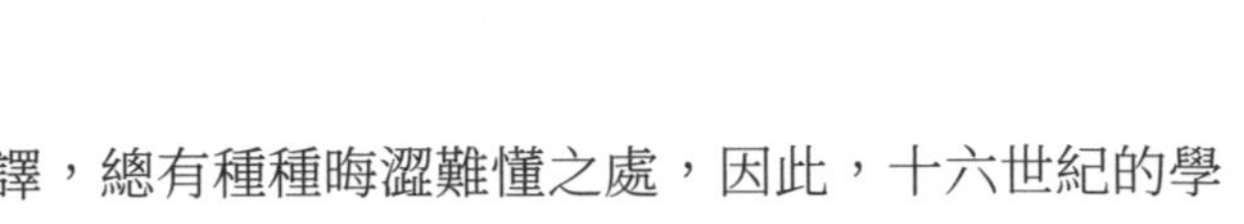

來歷經不少抄寫翻譯，總有種種晦澀難懂之處，因此，十六世紀的學者逐漸形成一個共識，應該由數學家來翻譯這些古希臘的數學典籍，還要能由希臘文中翻譯出其他的希臘數學著作。

在這些翻譯者中，較為重要的翻譯者就是義大利數學家科曼迪諾 (Frederico Commandino, 1506–1575)， 憑藉著他的數學天分與語言技巧，他獨自一人用拉丁文翻譯了阿基米德、阿波羅尼斯、帕布斯等人的幾乎所有著作，並且還包含了詳盡的數學評論、對疑難處的澄清，以及著作間的互相引證。[19]隨著這些較為詳盡且正確的數學譯本之出現，數學家開始思考希臘人是怎麼發現這些定理的？從尋找答案的過程中，數學又展開了新的一頁。

阿基米德的再生羊皮書這個例子給了我們一個啟示，儘管文藝復興時期復原了不少古希臘典籍，或許還有許多先人的智慧結晶，埋沒在重複抄寫的羊皮書之底層，或是某個不為人知的角落。十五到十七世紀的學者們從這些重現在歐洲眾人眼光下的知識寶藏，所獲得的智慧與啟發，又再一次為數學發展灌注活力泉源。下文我們將可看到從古希臘典籍中誕生的智慧，挹注在一個長期被貶抑的研究領域，亦即代數這一分支的發展。

1.9 代數及其符號法則

在笛卡兒與費馬的解析幾何發明之前，幾何與代數這兩個分支，各自接受數學家與科學家們的不同關懷與挹注，彼此不相干的發展，也在數學中塑造了迥異的地位。

---

[19] 參考《數之軌跡 II：數學的交流與轉化》第 3.3 節。

幾何從古希臘時期以來，就極受重視，它是古典四學科之一，是「數學」這一科的代名詞。而相對於幾何學的「論證」，亦即可以言其所以然之故，代數一開始即被認為只是一種**知其然 (know-how)** 的「技術／技藝」(art)，[20]也就是實用算術，在古希臘時期是奴隸們學習的技術。

代數這種「技藝」的形象一直延續到文藝復興之後。即使在卡丹諾 (Girolamo Cardano, 1501–1576) 與韋達 (François Viète, 1540–1603) 之後，代數的發展有了「質」的飛躍提升，譬如，我們從這兩位偉大數學家的數學經典書名（英譯），就可以略窺一二：前者是 *The Great Art*，後者則是 *An Introduction to the Analytic Art*。儘管還都是 **“art”**，但追加了「**美好的**」形容詞如 **“great”** 及 **“analytic”**。可見，代數學的地位在提升之中，吾人如將它視為「**成年禮**」的階段也不為過。[21]不過，我們還是要等到十七世紀解析幾何發明之後，代數學才能真正得到方法論與學科地位上的認同。

在下文中，我們先來考察解析幾何發明之前的代數之進展，特別著重在三次方程解法 (1545) 及其相關優先權之爭議。不過，韋達的符號代數 (1591) 卻幾乎是平行或稍後發展的，因此，數學符號的演化 (evolution) 看起來並未「主導」代數史上這個重大事件。[22]這是很值得我們注意的歷史現象，因為在現代的學科分類中，所謂的「代數」完全等同於「符號代數」。

---

[20] 在古希臘，art 是相對於 science 的概念，後者是指可以論證的智力活動，譬如，幾何學就是其中一種。

[21] 參考柏林霍夫、辜維亞，《溫柔數學史》，頁 43–50。

[22] 參考馬祖爾，《啟蒙的符號》。

1.10 卡丹諾與《大技術》

西元 1545 年，義大利的一位醫生兼數學家卡丹諾出版了《大技術》(*Artis Magnae, Sive de Regulis Algebraicis Liber Unus*)（圖 1.10），首次向世人展示了如何求解三次與四次方程式的完整過程，從而標誌著代數發展的一個新時代的來臨。卡丹諾的父親不僅是個執業的律師，還以數學造詣聞名於當時，他除了曾在帕維亞大學 (University of Pavia) 與米蘭的學校講授幾何學外，連達文西（Leonardo da Vinci，是卡丹諾父親的朋友）也曾向他請教過幾何問題，因此，卡丹諾的數學知識，有部分得利於父親的教導。卡丹諾求學時沒有攻讀法律反而轉向醫學，[23]雖然身為醫生，他卻對許多知識領域有濃厚的興趣，尤其在數學方面，更有其過人的天賦。不過，他一度因為好賭而傾家蕩產，於 1534 年在卡丹諾父親友人的推薦下，到他父親生前在米蘭任教過的學校教授數學，閒暇時順便懸壺濟世。在有了一份穩定的收入的同時，並有了一些的擁護者，也才有時間與心力拓展其他學術領域的研究，尤其是數學。

讓我們把焦點轉回到《大技術》這本書。首先，從他的書名可以看出，此時的「代數」對他而言是一種技藝，他在這本書的第 11 章到第 23 章，詳細列出共 13 種類型的三次方程式解法，並以幾何的進路加以驗證。在本書中，他仍然遵循阿爾・花拉子密（Al-Khwarizmi，

[23] 中世紀大學通常設三個學院 (school)：神學院、法學院及醫學院，供大學畢業後的學生選讀以便就業。大學生主要選修（通識）七學科：古雅典四學科（幾何、數論、天文及音樂）加上邏輯、修辭及文法等三學科。數學則只有少數講座，負責通識科目之教學。參考《數之軌跡 II：數學的交流與轉化》第 3.2 節。

約 780 –約 850）的判準，[24]來分類二、三次方程式，也就是方程式等號左右兩邊都不缺項，而且係數也都為正。在當時，雖然代數問題不再源自幾何背景，然而，數學家們仍習慣將未知數的一次方、平方和立方當成是幾何的線、面、體積，一個代數方程式也就表示了這些幾何量的加減運算。對卡丹諾而言，在一個三次方程式中，每一項代表的都是體積，例如 $x^3+6x=20$，由於 x^3 代表體積，所以「6」在此代表面積，「20」代表體積。不過，當時的數學家們在齊次律 (law of homogeneity) 的束縛之下，[25]反而藉此之便，藉由幾何的徑路完成了三次方程式根式解的偉大成就。針對每一類型的方程式，儘管卡丹諾是以數值係數為例來求解，但是解法過程卻具有一般性，因此，如同卡丹諾所做的，吾人可建立解同類型方程式的一般「**規則**」。

現在，讓我們以缺了二次方項的不完全三次方程式 $x^3+cx=d$ 來說明其解法。卡丹諾先分別假設了兩個體積是 u, v 的正立方體，以幾何證明告訴我們，當 $x=\sqrt[3]{u}-\sqrt[3]{v}$ 時，比較係數得 $u-v=d,\ uv=(\frac{c}{3})^3$，也就是說先求兩個數 u, v，使得 $u-v=d,\ uv=(\frac{c}{3})^3$，解聯立方程式即可得 $u=\sqrt{(\frac{d}{2})^2+(\frac{c}{3})^3}+\frac{d}{2}$，因此，$v=\sqrt{(\frac{d}{2})^2+(\frac{c}{3})^3}-\frac{d}{2}$，代回 $x=\sqrt[3]{u}-\sqrt[3]{v}$，得

$$x=\sqrt[3]{\sqrt{(\frac{d}{2})^2+(\frac{c}{3})^3}+\frac{d}{2}}-\sqrt[3]{\sqrt{(\frac{d}{2})^2+(\frac{c}{3})^3}-\frac{d}{2}}$$

---

[24] 中文譯名另有阿爾・花拉子模或阿爾・花拉子摩。

[25] 這裡的齊次律指的是古希臘處理幾何問題的傳統，同維度的量才能進行加減運算。

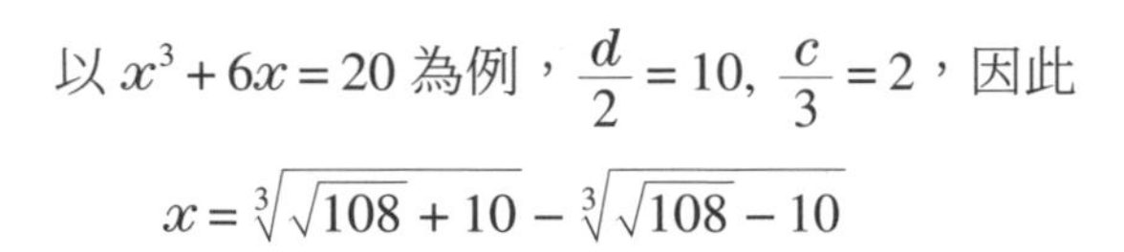

以 $x^3+6x=20$ 為例，$\dfrac{d}{2}=10,\ \dfrac{c}{3}=2$，因此

$$x=\sqrt[3]{\sqrt{108}+10}-\sqrt[3]{\sqrt{108}-10}$$

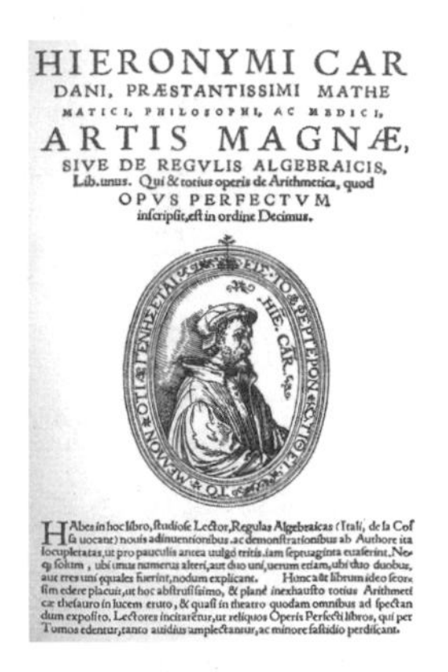

HIERONYMI CAR
DANI, PRÆSTANTISSIMI MATHE
MATICI, PHILOSOPHI, AC MEDICI,
ARTIS MAGNÆ,
SIVE DE REGVLIS ALGEBRAICIS,
Lib. unus. Qui & totius operis de Arithmetica, quod
OPVS PERFECTVM
inscripsit, est in ordine Decimus.

HIE. CAR.

HAbes in hoc libro, studiose Lector, Regulas Algebraicas (Itali, de la Cossa uocant) nouis adinuentionibus, ac demonstrationibus ab Authore ita locupletatas, ut pro pauculis antea uulgò tritis, iam septuaginta euaserint. Neque solum, ubi unus numerus alteri, aut duo uni, uerum etiam, ubi duo duobus, aut tres uni æquales fuerint, nodum explicant. Hunc aūt librum ideo seorsim edere placuit, ut hoc abstrusissimo, & planè inexhausto totius Arithmeticæ thesauro in lucem eruto, & quasi in theatro quodam omnibus ad spectandum exposito, Lectores incitarentur, ut reliquos Operis Perfecti libros, qui per Tomos edentur, tanto auidius amplectantur, ac minore fastidio perdiscant.

圖 1.10：卡丹諾《大技術》扉頁

處理代數方程式的解，無可避免地會碰到虛數解的情形，從卡丹諾在《大技術》中針對例子的說明，也可看出他對虛數的認知與處理方式。書中有一個例子：「將 10 分成兩數，使得它們的乘積是 40」。他說：「很清楚地，這個情形是不可能的」，否則利用二次方程式的公式解會得到 $5+\sqrt{-15}$ 與 $5-\sqrt{-15}$ 兩數。卡丹諾說「如果將這種『不可能』對心靈的折磨放一邊」，直接對式子計算，也就是將 $5+\sqrt{-15}$ 與 $5-\sqrt{-15}$ 兩「數」相乘，確實可以得到 $25-(-15)=40$，不過，他認為這只是無聊的智力遊戲而已，他寫道：「算術就是這麼精巧奇妙，它最根本的特點，正如我說過的，是既精妙又無用」，在此之後，他便不再討論複數。

事實上，在此之前的數學史上，二次方程式只要得出不是實數的解，就會被數學家捨棄，認為此題「**無解**」。[26]例如，十七世紀初時笛卡兒用解二次方程式的方法找直線與圓的交點，當這種「**不真實的**」、「**虛幻的**」解出現時，就是直線與圓沒有交點的時候，意即此題無解。因此，在以二次方程式求解為主的一段很長的時間洪流中，數學家沒有必須要去接受與處理根號裡面有負數這種「怪物」的需求，但是，三次方程式就是完全不同的故事了。

雖然卡丹諾《大技術》影響極大，可以說是整個十七到十八世紀數學家的起跑點，他們從此展開高次代數方程式的一系列漫長而影響深遠之探討。然而，這本書在當時並不是那麼容易理解，因此，義大利的數學家兼水利工程師邦貝利 (Rafael Bombelli, 1526–1572) 決定用義大利文，寫一部更有系統的教科書，用來幫助其他人學習。在他唯一的數學著作《代數學》(*L'Alegebra opera*) 中提到從卡丹諾的三次公式解，[27]他發現了一種：「三次方根的複合表達式，……這種平方根的算術運算與名稱都與其他的情形不同。」 他所指的就是像在 $x^3 = 15x + 4$ 這樣的例子中所得到的解。如果我們將它的係數代入三次方程式的公式解，將可得到 $x = \sqrt[3]{2+\sqrt{-121}} - \sqrt[3]{-2+\sqrt{-121}}$ （或 $x = \sqrt[3]{2+\sqrt{-121}} + \sqrt[3]{2-\sqrt{-121}}$）。在負數的存在意義都還不怎麼確定的十六世紀年代裡，數學家很容易將負數的平方根視為不合理，並進一步將相關方程式視為不可解。但是，$x^3 = 15x + 4$ 這個方程式真的沒有實數解嗎？

我們利用有理根檢驗，很容易得到 $x^3 = 15x + 4$ 這個方程式有一

---

[26] 我們目前針對國中數學課程的二次方程式之共軛根，也是聲稱此種方程式無解！

[27] 請注意此時，algebra 或這個字的其他語文之版本，已經成為數學著作的書名了。

實根 $x=4$，事實上，它有三個實根 $4, -2\pm\sqrt{3}$，所以，這個方程式無法直接視為無解而拋在一邊。對三次方程式而言，這種三次方根的複合形式是必須的。如果我們暫時拋開對根號裡面有負數的這種方根之疑慮，邦貝利宣稱我們可以直接對這種新型方根進行運算，運算規則就如同我們今日令 $\sqrt{-1}=i$ 所做的一般。他說：

> 既不能叫它正 (*più*) 也不能叫它負 (*meno*)，但是若需要把它加上時，我稱它為負之正 ($+i$, *più di meno*)，若要減去它，我叫它做負之負 ($-i$, *meno di meno*)。

他大膽的假設 $\sqrt[3]{2+\sqrt{-121}}=a+\sqrt{-b}$, $\sqrt[3]{2-\sqrt{-121}}=a-\sqrt{-b}$，兩式相乘，得到 $a^2+b=5$，再將第一個式子三次方，沒有根號的部分要相等，因此得到 $a^3-3ab=2$，由這兩個結果得到 $a^2<5$ 且 $a^3>2$ 的結果，他認為 a 要是整數，所以 $a=2$ 是唯一可能，因此得 $b=1$，亦即 $\sqrt[3]{2+\sqrt{-121}}=2+\sqrt{-1}$，故可得 $x^3=15x+4$ 的一個實根：

$$x=\sqrt[3]{2+\sqrt{-121}}+\sqrt[3]{2-\sqrt{-121}}=(2+\sqrt{-1})+(2-\sqrt{-1})=4$$

在這本唯一的著作中，邦貝利雖然只完成了預定完成的五卷中的三卷，不過，他不但賦予了虛數 $\sqrt{-1}$ 的意義，並且他還發展出虛數 $\sqrt{-1}$ 的運算法則，儘管他認為

> 對許多人來說，這種根看起來像是人造而不真實，我自己也持這種觀點，除非我找到其幾何證據。

從這句話中，吾人可以感受到當時數學家對幾何的信賴與依賴，雖然知道它有用，但還是要有幾何證據才算數！邦貝利這種對虛數的「**情結**」，可能是在複數的理論基礎尚未釐清，甚至是還沒發展出幾何意義之前，很多數學家在處理複數時的寫照吧。

1.11 三次方程式解法的優先權爭議

三次方程公式解法是數學史上最有名的**優先權爭議 (priority controversy)** 公案之一。另一個同樣知名的案例，則是出現在十七世紀：「誰發明了微積分？」我們將在第 4 章介紹。不過，後者涉及的數學家或學者具有跨國特色，至於前者則局限在十六世紀義大利。這段插曲涉及兩場競賽，此一爭議「苦主」塔爾塔利亞 (Tartaglia/Niccolo Fontana, 1500–1557) 先贏一場，但第二場（最後一場）一敗塗地，而且還敗給無名小子，終於徹底從歷史舞臺消聲匿跡。[28]

在專利權或智產權尚未出現的時代，何以優先權會惹出那麼大的爭議？原來，在十六世紀義大利，「數學上的學術職位是依據地位和名望來安排的，而地位和名望則來自公開挑戰中的勝利。這點很像武俠小說中的江湖運作模式，數學家就像武林高手一樣要接受他人的挑戰，因此，在當時數學家所掌握的數學知識就像武功祕笈一般，被當成自己的致勝絕招而不輕易示人。」[29]

至於數學史上最早找到三次方程式 $x^3+cx=d$ 類型之解法的，則是 1500–1515 年任教於義大利波隆那 (Bologna) 大學的費羅 (Scipione

---

[28] 「塔爾塔利亞」原義是「口吃者」，塔爾塔利亞幼年時被法國軍人以軍刀劃到臉部，而導致口吃。

[29] 引蘇惠玉，〈數學武林地位爭奪戰〉。

del Ferro, 1465–1526)，其「**問題意識**」可能出自同時在那兒任教的帕喬利。[30]費羅在去世前，曾將此一解法透露給他的學生費爾 (Antonio Maria Fior) 及繼任者（女婿）納夫 (Hannibal Nave)。由於費爾有意爭取威尼斯的一個教職，因此，他亟需一個舞臺來表現數學才能。於是，他在知道時任低階教師的塔爾塔利亞也會解 $x^3 + cx = d$ 類型的三次方程式，就在 1535 年公開提出挑戰，每人向對方提出三十道題目，在 40–50 天內解出最多題目者獲勝。結果，塔爾塔利亞大獲全勝，在兩小時內就將費爾的題目全數解出。原來，他的致勝關鍵就在於：他不僅會解 $x^3 + cx = d$ 類型的三次方程，也早已知道如何求解含有 x^2 的三次方程式。經此一役，塔爾塔利亞聲名大噪，成為許多數學家「請益」的學者名流。

1539 年開始，卡丹諾就積極聯絡塔爾塔利亞，希望在自己即將出版的著作中，披露塔爾塔利亞的三次方程解法。這是因為卡丹諾獲得學者皮亞蒂 (Tommasso Piatti) 的遺囑贊助，必須在米蘭為清寒青年開設數學公開講座，所以，他希望將此解法納入那本充當教材的著作之中。但塔爾塔利亞還是不為所動，直到卡丹諾聲明將塔爾塔利亞引薦給米蘭大公。這一個重要人脈是卡丹諾的贊助者，多少也是顧及贊助者「附庸風雅」的顏面與聲望。最後，在卡丹諾發誓絕不發表塔爾塔利亞的解法之後，塔爾塔利亞終於在 1539 年給出所謂的「**解法規則**」，

---

[30] 帕喬利生涯略見《數之軌跡 II：數學的交流與轉化》第 3.7 節。事實上，他在波隆那的講座中，曾指出此種方程式不可解。又，在他的《大全》(*Summa*, 1494) 中，帕喬利也指出：「對於三次方程，其中含有三次項，一次項及常數項，無法給出一般的解法。……當然，並不排除對某些具體的方程，通過試驗，有時是可解的。」轉引自卡茲，《數學史通論》(第 2 版)，頁 271。

但卻以隱晦的詩句表示。以下引文是求解 $x^3+cx=d$ 的一段詩文：[31]

> 立方共諸物，和要寫右邊。巧設兩個數，差值同右和。
> 此法要牢記，再定兩數積。諸物三（分）之一，還把立方計。
> 既知差與積，兩數算容易。復求立方根，相減題答畢。

針對這一類詩文，卡丹諾師徒兩人花了六年時間，揣摩那些詩句的意思，又進一步擴展其意義，他們將全部的十三種類型的三次方程式之解，[32]在《大技術》(1545) 之中展露無遺，甚至還提出了四次方程的公式解。不過，卡丹諾也備註說：儘管塔爾塔利亞曾聲明解出三次方程式，然而，費羅才是最早的發現者。卡丹諾如是說：

> 在三十年前，波隆那的費羅就發現了這個解〔含有三次項、一次項及常數項的方程〕法則，並傳給威尼斯的費爾。費爾向布雷西亞的塔爾塔利亞發起挑戰，促成塔爾塔利亞也發現了它。在我的懇求下，塔爾塔利亞向我透露了解法，但拒絕給證明。由於這樣的幫助，我終於找到了在各種情況下的證明過程，這是非常困難的。[33]

這下子完全觸怒了塔爾塔利亞。或許這也是卡丹諾未曾兌現另一

---

[31] 引卡茲，《數學史通論》(第 2 版)，頁 283。

[32] 因係數只能一律為正，且等號任一邊不能為 0，韋達的單一符號代數表式 $x^3+bx^2+cx+d=0$ 必須表徵如 $x^3+bx^2+cx=d$, $x^3+bx^2+d=cx$, $x^3+cx+d=bx^2$ 等等。

[33] 引卡茲，《數學史通論》(第 2 版)，頁 271。中譯文略加編輯。

個承諾有以致之吧！因為當塔爾塔利亞來訪米蘭時，始終沒有機會見到米蘭大公。於是，1547 年也就是《大技術》出版後的兩年，塔爾塔利亞出版《新問題與發明》，其後半部火力全開，指控卡丹諾剽竊並譏誚他的數學能力。現在，費拉里 (Lodovico Ferrari, 1522–1565) 終於有機會出場了，他代替師傅出面回應，為了證明他們師徒的清譽，希望與塔爾塔利亞來一場競賽，至於題目則不設限。隔年 8 月，塔爾塔利亞從家鄉布瑞西亞 (Brescia) 獲得一個待遇優渥的講座，因而答應參與這一場公開競賽，目的當然也意在將卡丹諾捲入戰場。結果不幸地，正如我們所知的史實，塔爾塔利亞第一天結束就承認失敗，連夜倉皇返鄉，最後甚至連低階教師位置也不保。至於費拉里後來則風光地獲聘波隆那大學教職。

上述的公開競賽或論戰都涉及數學家的社會地位 (social status)。史家拜爾幾沃里 (Mario Biagioli) 研究伽利略之前的義大利數學家，發現可按其社會階層分別三類，其地位高低依序是：⑴簿記員、土地測量技師和工程工匠，從計算師傅學習；⑵占星醫學士，受過大學博雅教育；⑶宮廷數學家。其中，第一類人員還包括基礎算術教師，以及城鎮測量員。塔爾塔利亞應該就是屬於這個階層，費羅屬第二類，至於卡丹諾則貴為第三類，而且在權貴階層應該有厚實的人脈關係。因此，誠如英家銘、蘇意雯所指出：「在這個有如電影情節的三次方程式歷史公案中，每一位演出者心中所在乎的不只是數學真理，更重要的是，在當時的社會環境中所重視的榮譽，以及提升社會地位背後所帶來的巨大利益。在任何一個時代，數學家都不是孤立的人，他們一定要與社會互動。而上述這些數學家的互動，提供我們一個有趣的圖像，讓我們更清楚瞭解文藝復興時代的社會文化與數學家的生活。」[34]

 符號法則：韋達與笛卡兒

考慮卡丹諾那個時代對數學式子的表達方式，雖然已有縮寫的符號表示「+」、「−」、未知數，以及未知數的次方，然而，在無法用符號或字母表示係數的情形下，卡丹諾只能用舉例與修辭的方式說明他的公式。譬如，在《大技術》第 26 章「關於一個立方與未知量等於一數」這一類型的方程式之解，他只能用文辭 (rhetoric) 敘述的方式寫道：「取未知量的三分之一的立方加上方程中的常數的一半的平方，並取和的根……」，要能夠如現代一般用字母符號表示一般式，法國數學家韋達與笛卡兒的符號規則，扮演了關鍵角色。

韋達無疑是十六世紀法國最有「影響力」的數學家之一，這個影響力不只形容他在數學上的成就，也形容他在政治上的影響力。[35]韋達在求學時繼承父志學習了法律專業，也當了執業律師。他以胡格諾新教徒 (Huguenots) 的身分捲入法國與羅馬天主教廷的宗教戰爭之中，並先後為亨利三世與亨利四世的宮廷效力，曾多次為兩位國王解決數學問題。1584 年，因為身為胡格諾教徒的身分，他的政敵說服了亨利三世將他流放，在離開巴黎的五年期間，反而讓他能夠全心全力投入到數學研究之中，這些研究主要集中在代數與三角學。

前一節提到在文藝復興時期全面復興的古代經典文獻之中，古希臘數學著作在數學研究者間引起廣泛的興趣，在由數學專家重新翻譯的文本之中，包含帕布斯 (Pappus) 的《數學匯編》(*Mathematical Collection*)，這是一部匯集與總結古希臘時期作品的著作，因此，在十

---

[34] 引英家銘、蘇意雯，〈數學與禮物交換〉。

[35] 韋達傳可參考洪萬生，〈符號法則之外，你不知道的韋達〉。

六世紀重新被翻譯成拉丁文之後，吸引了許多當時對古希臘數學有興趣的學者們的注意與鑽研，尤其是卷七所納入的《分析薈萃》(*Treasury of Analysis*) 中關於古希臘解決幾何問題的兩種方法——解析 (analysis) 與綜合 (synthesis) 的評論。就帕布斯自己所言，這一部分的論述「滿足一些人的要求，他們全面研究了基本原理之後，希望獲得力量去解決包括曲線在內的問題」。簡單說明，解析的方法是把要探求的結論當作已被承認或已經存在，再一步一步分析追溯回最原始簡單的已知或基本原理。而綜合的程序則是相反的，由確定的定義公理出發，藉助幾何證明程序得到複雜的結論（知識）。帕布斯還將「解析」分成兩種，「**理論型的解析**」（尋求真理）與「**問題型的解析**」（尋求所需結果），但是，他並沒有將「**解析**」與「**綜合**」的方法與某一數學分支結合在一起。[36]

西元 1591 年，韋達出版他的《解析技術引論》(*Introduction to Analytic Art*)，在書中提到他如何從古希臘的解析方法獲得靈感：「有一種尋求數學真理的方法，據說是由柏拉圖最早發現的，席翁 (Theon) 稱其為解析法……」，韋達在《解析技術引論》中運用古希臘的解析法，解釋他的代數方法，他將「理論型的解析」稱為**分析術**（*zetetics*，有 seeking the truth 的意思），即在某一待定項與若干已知項之間，建立方程式或是比例式。另一方面，他稱「問題型解析」為**驗析術**（*poristics*，他選擇此名詞與「綜合」法作一連結），運用方程式或比例式檢驗所述定理的真實性。最後，他還加上自己的第三種解析形式，稱為**解析術**（*rhetics* 或 *exegetics*），亦即，在所給的方程式或

---

[36] 在《數之軌跡 I：古代的數學文明》第 3.7.5 節也對帕布斯提供一個簡短說明，可以一併參閱。

比例式中，求出此待定的未知項之值。因此，他說：「可以將這三種互相結合的解析方法稱為發現數學真理的科學。」

就《解析技術引論》而言，韋達最重要的貢獻之一，就是提出一種新的符號系統：

> 為了讓這個工作能被某種技術所協助，吾人需要藉由一種固定的，恆久不變且非常清楚的符號，將給定的已知量從還沒決定的未知量中區分出來，例如以字母 A 或其他母音來表示未知量，而已知量則用字母 B、G、D 或其他子音來表示。

同時，他進一步提出這種符號系統的運算法則，讓「數的運算通過數來進行，類 (species) 的運算則通過量的類或形式進行，像字母表中的字母」。這裡的類指的就是含未知量的冪次那一類的項，不過，韋達還是繼續使用單詞或縮寫來表示冪次，因此，在表示冪次的乘法與除法法則時，還是不得不採用文字描述的形式。另外，韋達採用德國形式的 +、− 分別表示加法與減法，用 in 表示乘法，而除法則以分數線表示。在方程式的表達與意義上，韋達仍沒有擺脫古希臘以來的幾何限制，仍然堅持**齊次律 (law of homogeneity)**：

> 一樣次數（維度）的東西只能跟相同次數的東西作比較，因為你不知道要如何把不同成分的東西作比較。

韋達所使用的符號系統，用了字母代表數字常量（譬如係數）的決定性步驟，使得他能用擺脫前人用舉例的形式與修辭來敘述法則，讓他能夠處理一般式而寫出公式，而非只是用特定的數字例來說明。

同時，用符號代替數字係數來計算，可以使人們的注意力集中到方程式求解的程序上，而非具體的解本身；另外，用符號表示求解的過程與公式，還能使解的結構更加明顯，就可以在求解的最後，對於解與初始係數之間的關係進行分析。正因為如此，韋達發現了方程式的根與構成該方程的表達式之間的關係（譬如根與係數關係），這也是他在方程式理論方面的貢獻之一。

受到帕布斯解析與綜合的論述啟發的不只韋達一人，還有法國的哲學大師兼數學家笛卡兒 (Rene Descartes, 1596–1650)。1628 年之前，笛卡兒計畫寫下他對於一般科學與哲學思考的「指導原則」，以《思維的指導法則》(*Rules for the Direction of the Mind*) 為題，預計寫下 36 條法則，然而，他實際只完成了 21 條，在他生前也沒有完成出版，一直到 1684 年，才有荷蘭文的譯本出版。這本著作的前 12 條法則論述一般科學的方法論，不過，大部分意涵也都包含在後續的作品之中。其中，在第四條法則為「尋找真理需要有方法」，他解釋說：

> 古代最早的哲學先驅們拒絕承認那些不懂數學之人的學問，他們明顯地相信數學是把握其他更重要科學的最簡單與不可少的思維訓練與準備。這個時候我更加確信了我的懷疑，他們曾擁有一種不同於我們這個時代的數學知識。……實際上我就是從帕布斯與丟番圖的著作中，辨識出這種真正的數學的某些蹤跡，……終於在當代湧現出一些天才人物試圖復興這種相同的技藝，由於它正是那門「未開化」(barbarous) 的代數科學，如果我們能把它從無數的數字與令人費解的圖形中提煉出來，那麼，它將會展示出我們認為真正的數學所應該具有的條理性與簡單性。

笛卡兒將這些從古希臘先賢著作中得到的啟發，融合自己的哲學思想，於 1638 年以三篇附錄加一篇序言出版《論述在尋找科學真理時正確指導理性的方法》（*Discourse on the Method of Rightly Conducting One's Reason and of Seeking Truth in the Sciences*，簡稱《方法論》）。在這著名的著作中，他將指導理性的原則，建立在數學的基礎之上，並在《方法論》中列出四條規則：

第一：絕不承認任何事物為真，除非自我明確地認識它是如此，即除非它是明顯地清晰地呈現在我的精神前面，使我沒有質疑的機會。

第二：將我要檢查的每一難題，盡可能地分割成許多小部分，使我能順利解決這些難題。

第三：順序引導我的思想，由最簡單、最容易認識的對象開始，一步一步上升，直到最複雜的知識。同時，對那些本來沒有先後次序者，也假定它們有一秩序。

第四：處處作一很周全的核算和普遍的檢查，直到保證我沒有遺漏為止。

第二條通常稱為「**解析律**」，而第三條稱為「**綜合律**」。與韋達相同地，笛卡兒亦熟知帕布斯對解析與綜合的評論。在之前的數學，甚至是韋達的著作中，這兩種方法都是分開應用的，笛卡兒認為這兩者兼用才能完美而周全。笛卡兒利用在《方法論》中提出的方法與規則寫成《幾何學》(*La Geometrie*) 一書，向讀者宣示：他不只是空談而已，他的方法與規則確實有效。在此，我們先來看看有關符號規則的部分內容，解析（或坐標）幾何的部分會在第 3.4 節論述。

在《幾何學》中，笛卡兒用「線段長度」來代表未知數與係數，藉此打破韋達沒有突破的齊次律，他巧妙地在代數式中運用單位長的次方，來避免齊次律的麻煩，例如在 a^2b^2-b 中，「a^2b^2」可以考慮成 a^2b^2 除以 1，而「b」考慮成 b 乘以 1^2，接下來，笛卡兒就能自由地使用這些符號表示，而沒有任何齊次律的顧慮了。也就是說，他突破性地將次方視為與幾何維度無關的量，而給了未知數 4 次方以上如 x^4、x^5……等等一個新的合法地位。另外，他在此著作中的某些符號，甚至還是現今某些標準化的符號記號來源，例如，他利用字母表中最後開始的小寫字母來表示未知數，如 z、y、x；將字母表開頭的小寫字母，如 a、b、c 等，來表示已知數。同時在《幾何學》的第三卷「立體與超立體 (supersolid) 問題的作圖」中，也曾討論方程式的根。在本卷中，他以 "true root" 與 "false root" 來區分正根與負根，並提出著名的「**勘根定律**」**(rule of sign)** 來決定正、負根的個數。同時，他也了解根並非都是正、負數，一個幾次的方程式，就有多少個根，只是有些根是他所說的 "imaginary"（即虛根）。這樣名詞的用法，大概跟他處理的問題都根源於幾何有關。

韋達與笛卡兒的代數方法很明顯地深受古希臘數學典籍的啟發，這是文藝復興重現古代典籍重要性上的一大見證。

笛卡兒以符號表示所要求的未知量與係數，並利用坐標系統列出關係式的解析幾何方法，我們會在下一章再詳細論述。在這一節中，我們僅著重在十六、十七世紀代數這一分支的發展，而得以看出文藝復興時期的學者們在以古為師的基礎上，加上自己的創見與智慧，才能讓代數這一門被「壓抑」的學問，從古希臘肥沃的土壤中破繭而出，成長茁壯到開花結果。不過，文藝復興時期風潮對數學的影響不僅止於此，除了孕育出這種以代數將幾何問題統一的解析方法之外，下一節我們將看到從文藝復興時期繪畫風格中誕生的另一數學分支──**射影幾何 (projective geometry)**。

1.13 數學與繪畫透視學：射影幾何的緣起

西元 1471 年，雷喬蒙塔努斯寫信給在厄福特大學 (University of Erfurt) 的羅德 (Christian Roder) 教授，請教一個問題：「一根倒懸的竹竿，在地面上哪一點看起來比較大？」

為什麼雷喬蒙塔努斯會關心這個問題？在嘗試替他回答時，毛爾在他的《毛起來說三角》(*Trigonometric Delights*) 中，詳細討論此一問題的（多）解，就值得我們特別注意。他認為這一問題可能是數學史上的第一個求極值問題。在微積分出現之前，極值的多元進路求解是相當值得鑑賞的初等數學方法。參考圖 1.11，那是幾何解的一種證明。

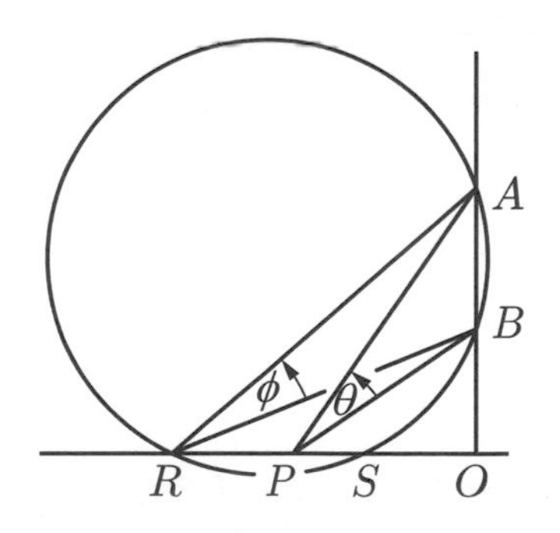

圖 1.11：雷喬蒙塔努斯的幾何解之證明

現在，讓我們回到雷喬蒙塔努斯的動機上。據猜測，他可能是為了解決建築或繪畫中的透視問題，譬如，要找出最好角度來觀察高樓中的一扇窗，因為文藝復興當時的藝術家，大都是全才全能型的人（現代人所謂的 Renaissance man 就有這個意涵），除了繪畫之外，還會接受一些關於設計、建築、工程建設等等相關的工作委託，[37]因此，在增進繪畫技巧的同時，研究相關的數學問題，似乎也不是那麼難以想像。

在文藝復興時期，繪畫風格由於受到當時學術風潮的影響，而與中世紀時期大不相同。這個時期從海洋探險中帶回了的大批的新物種、新知識，乃至宗教改革帶來的在信仰上的解放，各個面向都興起一種「**回歸自然**」的風潮，把大自然本身當成是知識的真正源泉。因此，在繪畫風格上追求自然逼真，除了畫面的主題出現大自然之外，必須讓畫面呈現現實世界中眼睛所見到的真實。例如圖 1.12 的洛倫采蒂 (Ambrogio Lorenzett) 畫作《聖母領報圖》(*The Annunciation*, 1344) 中，僅以一種直覺的方式把握了空間與景深，而沒有採用數學的透視。為了追求逼真的繪畫創造，這個時期的藝術家們必須解決二大問題：

- 如何讓平面的畫布呈現空間的立體感，製造出真實的遠近感？
- 遠近事物的比例大小如何精準的呈現？

在當時的學術風潮之下，藝術家自然而然轉向數學尋求這兩個問題的解決之道，因而興起的研究主題就是**透視學 (theory of perspectives)**。

[37] 譬如，達文西的第一份工作就是米蘭大公的御用畫師兼機械工程師。無怪乎他留下那麼多機械設計圖的手稿。

阿爾貝蒂 (Leon Battista Alberti, 1404–1472) 是十五世紀研究如何用透視的數學方法應用於繪畫的代表人物之一。他認為數學是藝術與科學的共同基礎，在他的《論繪畫》(*della Pittura*, 1435) 一書中，他開宗明義就說：

> 為了更清楚地呈現我寫的這本關於繪畫的評論，首先我將闡述那些我從數學家那裡得到的與我的主題有關的內容。

在這本書中，阿爾貝蒂依據古典光學著作的內容，將透視學作為藝術與建築呈現的幾何工具。然而，最重要的透視學家，也是十五世紀偉大數學家之一， 即是義大利人法蘭契斯卡 (Piero della Francesca, 1420–1492)。法蘭契斯卡生長在佛羅倫斯附近的商人之家，從小就對數學非常有興趣，第一本著作就是因應當時商業貿易帶來的大量需求，所完成的《計算手冊》(*Trattato d'abaco*)，此書與當時流行的計算書籍不同之處，在於它包含一些三度空間的立體幾何問題。

圖 1.12：洛倫采蒂的《聖母領報圖》

法蘭契斯卡結合數學與繪畫上的天分，充分反映他同時受到歐幾里得與阿爾貝蒂的啟發之事實，他生涯晚期的名著《論繪畫中的透視》(*De Prospettiva Pingendi*) 就是最佳見證。這部著作是文藝復興時期第一本討論如何描繪空間物體的作品，主題涵蓋算術、代數與幾何，尤其是空間幾何與透視學方面創新內容。該書由三個部分組成：敘述描繪臉部的技巧、論述透視學、描述利用顏色創造透視的技巧。書中所闡述的如何在二度空間的繪畫與浮雕作品上，呈現三度空間的技術，其理論基礎部分內容來自於歐幾里得的《光學》(*The Optics*) 一書的想法，書中編排方式也按照《幾何原本》的形式，再加上法蘭契斯卡自己的獨特見解而寫成。他試圖證明：利用透視學和立體幾何原理，可見的現實世界就能夠從數學理論中推演出來。

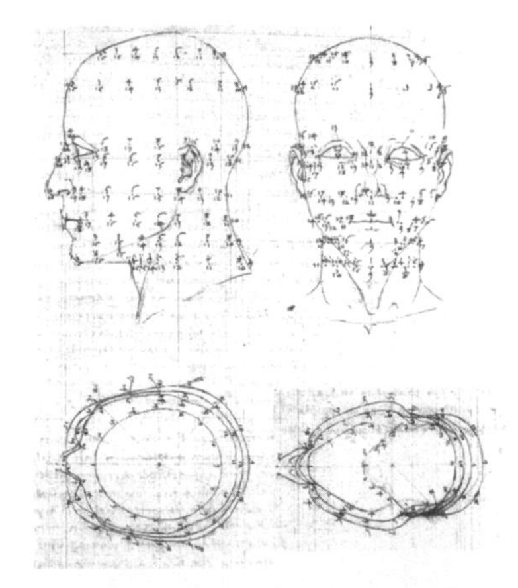

圖 1.13：法蘭契斯卡《論繪畫中的透視》中的插圖，
頭部的解剖透視作圖

在透視學方面最有影響力的藝術家，首推阿爾布雷希特・杜勒 (Albrecht Durer, 1471–1528)。這位文藝復興時期著名的藝術家在二十幾歲時，就以相當高水準的木刻板畫享譽歐洲。他曾經從義大利大師那裡學習透視學原理。一般地說，十五、十六世紀早期的大部分的繪畫大師，都曾試著將他們繪畫中的數學原理與數學和諧美、實用透視學的特殊性質，以及他們的主要目的結合起來。這些藝術家所發展的數學體系之基本原理，除了透過前述的阿爾貝蒂與法蘭契斯卡著作得到解釋之外，現在還可透過杜勒的作品與術語，獲得理解與實作方法的示範。

杜勒有關幾何學與透視學的著作完成於 1528 年，名為《直尺與圓規的測量》。[38]在這部四卷書中，前三卷分別討論一維、二維的幾何形體之結構與其在建築、工程學上的應用；第四卷進行三維結構與多面體結構的研究，並在這一卷中，論述了用透視法描繪立體的方法與儀器。他為了方便透過模型來介紹透視法，更將他使用的原理、方法與儀器製作成木刻板畫的插圖。這些插圖現今也經常出現在論述透視學的書籍中。

杜勒在他的書中介紹了一個幫助他畫出比例和透視關係的裝置，如圖 1.14，繪畫者在一塊刻有小方格的玻璃屏板或紙上繪畫時，將一隻眼睛固定地看著某處，從眼睛射向景物上某一點的光線交於屏板或畫布上的一點，這一點就是繪畫者畫在畫布上的像。同時，他的視覺圖像會產生透視縮短現象的視角。也就是說，當他凝視模特兒時，這個視角能夠使模特兒身體從頭到腳的主軸，與藝術家的視線形成一條直線，結果看到的身體較遠的部分（頭與肩膀），會顯得比實際尺寸小

---

[38] 德文名為 *Underweysung der Messung mit dem Zirckel und Richtscheyt*。

一些，而較近的部分（膝蓋和小腿）則會顯得大一些。

圖 1.14：杜勒透視法木刻圖

透視學引起的第二個想法，是**射影**與**截景**之間的關係。經過投射之後的景象與截景之間有何關係？有沒有不變的性質？同一景象不同角度的截景之間有何關係？有沒有共同的幾何性質？為了考慮如前述關於平行線的眼睛之視覺假象，藝術家們需要那些能幫助他們確定線段的位置，哪些線段需要相交或哪些點需要共線的一系列定理。因此，數學家以此為動機開始去研究直線、曲線相交的定理，這些藝術家們將藉由數學的觀察，回饋到數學領域之中，從而誕生一門新的數學分支，也就是射影幾何。第一個探索這些藝術家提出問題的數學家，就是吉拉德・笛沙格 (Girard Desargues, 1591–1661)。

笛沙格是個自學的天才型人物，以身為建築師與工程師而聞名。他研究這些問題是為了幫助他那些從事建築、工程與繪畫方面的同事，他曾說過：「我坦率地承認，我決不是對物理或幾何的學習或研究抱有興趣，除非能通過它們獲得有助於目前需要的某種知識。」雖然笛沙格說對幾何的學習不感興趣，然而，他想必精通歐幾里得與阿波羅尼斯等希臘幾何知識，他在 1636 年開始寫下有關透視學的研究，並於

1639 年完成《試論處理圓錐與平面相交結果的初稿》。[39]

笛沙格在這本著作中引入一種新的幾何體系，這個體系與歐氏幾何最大的不同，就是引入無窮遠點與無窮遠線。因此，任二條直線皆有交點，二平行線的交點就是無窮遠點（就是畫在畫布上的兩平行線應該相交的那個點），所有的無窮遠點落在同一直線上，就是無窮遠線。他著名的射影定理出現在 1648 年他的好友博斯 (A. Bosse) 出版的《運用笛沙格透視法的一般講解》附錄之中：[40]

> 當位於不同平面或同一平面上，具有任意次序與方向的線 *HDa*、*HEb*、*cED*、*lga*、*lfb*、*Hlk*、*DgK*、*EfK* 交於同類點時，點 *c*、*f*、*g* 位於同一直線 *cfg* 上。

用現代的術語解釋，如圖 1.15，考慮兩個三角形 *DEK* 與 *abl*，它們的對應頂點之連線交於 *H* 點，亦即通過這個同類點 *H* 的射影相聯繫，此時對應邊的交點 *c*、*f*、*g* 會共線。也就是說，利用透視法在畫布上繪出的各種角度之截景，都保持了這樣的幾何不變性。

---

[39] 本書英文譯名為 *Rough draft for an essay on the results of taking plane sections of a cone*。

[40] 該書法文名為 *Maniere Universelle de M. Desargues pour Pratiquer la Perspective*。

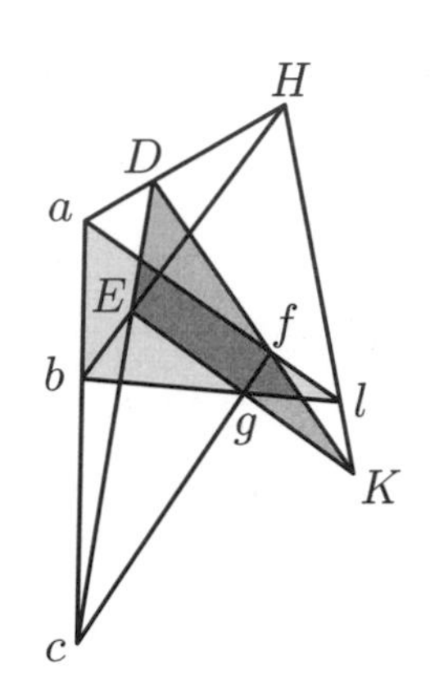

圖 1.15：笛沙格定理

笛沙格的這本著作最初只在巴黎印製了少少的五十本複本，當時並沒有引起太多人注意，一方面是他發明並使用了太多新術語，沒什麼人能理解；另一方面，當時數學家們才剛領略用解析幾何統一幾何問題的奧妙，並不準備再考慮一種新的綜合的幾何統一方式。當時，似乎只有年輕的巴斯卡 (Blaise Pascal, 1623–1662) 欣賞他的作品， 並在十六歲時，提出另一個射影幾何中關於圓錐曲線的重要定理。笛沙格的著作就這樣，在沒有引起多少人的注意的情況下，失傳了，目前僅剩一本流傳下來，還是在 1951 年才被發現。儘管笛沙格的學生德・拉伊爾 (Philippe de La Hire, 1640–1718) 曾經抄了一份複本，不過，也要等到 1854 年，才被另一位法國數學家在巴黎發現。也因為如此，射影幾何這個從文藝復興繪畫之中誕生的新幾何體系，延至十九世紀之後，才由後續的數學家接力完成。

第 2 章

科學革命

科學革命

本章提到的科學革命並非孔恩 (Thomas Kuhn, 1922–1996) 關於典範轉移的常態科學之革命，[1]而是指從文藝復興末期到十八世紀末的這段時間，關於自然的研究與實作者思考自然、認識自然的方式，科學因而產生轉變的一段時期。這個階段一般被視為是近代科學 (modern science) 的萌芽時期。將這段時期的科學研究與實作，冠以「**科學革命**」**(Scientific Revolution)** 這個詞來刻畫在 1939 年之後，由法國科學史家亞歷山大・夸黑 (Alexandre Koyré, 1892–1964) 所倡議。[2]不過，要描述一段歷史現象或知識改變發展的「**起點**」，尤其是這段科學「**革命**」時期改變的「**開始**」，並不是那麼容易的事，畢竟知識發展有其脈絡，而改變也不是一夕之間完成。另外，要提供這一整段歷史圖像也不容易。因此，在本章中，我們僅針對幾個指標性人物，來敘說這段科學革命的故事。至於時間，則始於哥白尼出版《天體運行論》的 1543 年，終於牛頓《自然哲學的數學原理》之 1687 年。

我們先來介紹背景脈絡。前面幾章我們曾一直提到的文藝復興，它為歐洲政治、社會及文化帶來一連串衝擊與改變，進而提供人們思考自然與認識自然方式轉變的契機；隨之而來的，還有強大民族國家之興起，以及海外殖民因地平線擴張，而帶來的文化與經濟的衝擊；另一方面，印刷術發明則帶來了文化參與疆界的改變。甚至是十六世

---

[1] 參考孔恩的經典著作《科學革命的結構》(*The Structure of Scientific Revolutions*)。

[2] 參考謝平 (Shapin)，《科學革命》(*The Scientific Revolution*)。

紀的宗教改革，讓原本統一西歐的宗教分崩離析，這些都引發人們重新思考對知識的觀點以及知識的定位。各式各樣的文化實作 (cultural practices) 都想重新理解、解釋，以及控制自然與社會，首當其衝的就是對亞里斯多德自然哲學的挑戰。

中世紀基督教曾經提出的「**自然之書**」的觀念，在文藝復興時期重新獲得重視，上帝不只透過《聖經》來彰顯祂的存在、屬性與意圖，還有同樣出自上帝之手的「自然之書」。在上述發生的那些歷史契機的影響之下，人們開始直接閱讀「自然之書」，直接體驗觀察自然而不再只依賴典籍文獻的說法。此時，一些不認同亞里斯多德傳統哲學與經院哲學的「**現代論者**」**(the moderns)**——譬如笛卡兒、波以耳 (Robert Boyle, 1627–1691) 與牛頓，提出機械論的譬喻來思考理解**自然哲學 (natural philosophy)**。大自然就像一座機械鐘，用來理解人造機械的物理學，與了解自然與天體的物理學沒什麼不同，自然就如同機械一樣從頭到尾都是可以理解的，沒有神秘魔法不可預測之處。機械論的信條就是只要是自然界真實的現象，都可以用機械式與物質性的原因加以說明；波以耳甚至認為機械論只有兩個主要原則，就是物質與運動，而機械論之所以可被世人理解，最大的原因在於其掌握了物質與運動的解釋原則，而「**物質－運動**」世界的機械圖像，即隱含了用數學看待自然的觀點。

「**大自然依循數學原理**」的概念讓自然哲學裡加入數學概念的行動更加順理成章，可以說自然哲學的「**數學化**」**(mathematization)** 是十七世紀科學實作的重要特色。這種信念達到最高點的象徵，當屬牛頓在 1687 年出版的《自然哲學的數學原理》(*Philosophiæ Naturalis Principia Mathematica*，簡稱《原理》(*Principia*))。世界是一座機械，遵循以數學形式和數學語言表達的規則，因此，數學和機械論一起融入了自然哲學的新定義中。總之，對於專注研究大自然的學者而言，更重要的問題是數學「該如何」以及「以何種方式」應用在解釋真實的自然物上？以及它究竟可以解釋到什麼程度？

本章我們就從哥白尼、克卜勒、伽利略與牛頓這幾位天文與物理學家的研究內容與成果，來見證這段時期的**科學實作 (scientific practice)** 特色。

哥白尼與《天體運行論》

在哥白尼之前，西方傳統的宇宙觀以托勒密的本輪勻速點模型，來模擬行星的運行，而地球則位於宇宙固定不動的中心，藉由數學嚴密的幾何與代數運算，再加上天文學家還可以藉由不斷增加的本輪或是修改勻速點，得以符合實地觀測值，讓這套系統免於受人質疑。不過，托勒密天文體系是個龐大、複雜的系統，只為了計算月亮、太陽及五大行星的運動，就必須引進 77 個圓才行。在經過幾個世紀之後，許多原本可以忽略的小誤差，經過幾百年的累積後，就變得不容忽視。譬如，月球理論需要大幅修正，行星位置或日月蝕的預測，也出現了很大的誤差，顯然，天文星表的精確性已經不足以供遠洋航行使用。在曆法推算方面，春分日期的推算到了十六世紀初，也已整整誤差了 10 天。這迫使天主教會不得不推行曆法改革。然而，當時天文學家大都由於天文觀測與數學基礎的不夠完善而拒絕，其中之一就是哥白尼 (Nicolaus Copernicus, 1473–1543)。

哥白尼在義大利波隆那大學學習法律與醫學時，寄宿於一位著名的數學家與托勒密批評者諾瓦拉 (D. M. de Novara) 家裡，並跟著他學習天文學。諾瓦拉批評托勒密體系違反了天文宇宙應是一個有序的數學和諧體；同時，也因為諾瓦拉是個新柏拉圖主義 (neo-Platonism) 的忠實擁護者，主張數學是宇宙萬物的本質。這些觀點都影響與啟發了哥白尼，讓他重新省思古希臘人的智慧，企圖尋求不同的觀點。事實上，古希臘時期就有位主張地動說的先驅者阿利斯塔克斯（Aristarchus of Samos，約西元前 310–約前 230）。1513 年，哥白尼自己購買材料，在自己家裡建造了一座觀測塔，用簡單的四分儀、視差儀與星盤等儀器，對太陽、月亮與行星進行裸眼的觀測。一年後，他公開一本簡短的小冊子《要釋》，[3]描述他對行星運行的想法，包括七條設準 (postulates，哥白尼也稱為公理 axioms)，其中第 1–3 條如下：

1. 所有的天球或球面沒有唯一的中心。
2. 地球的中心不是宇宙的中心，僅是重力的中心與月球軌道的中心。
3. 所有的天體繞著太陽旋轉，好像它在它們全體的中心，所以宇宙的中心在太陽附近。

哥白尼寫下的這些設準並非不證自明，他只是要將他的整個理論基礎架設在這七個設準之上。這份手稿寫完之後，哥白尼擔心受到教會的譴責，也對自己理論是否完備沒有自信，因此，並沒有將它出版，僅在朋友圈之間流通。1530 年，經過多年的修訂和增補，他終於完成《天體運行論》(*De revolutionibus orbium coelestium*)。抱持完美主義的哥白尼同樣遲遲不將它付梓印刷。根據研究哥白尼的學者推論，他

---

[3] 該書英文名銜如下：*Commentary on the Theories of the Motions of Heavenly Objects from Their Arrangements*。

之所以猶豫不決，可能是想將瑞提克斯 (G. J. Rhetics) 帶來的雷喬蒙塔努斯之《論各種三角形》的內容納入，以及修改有關水星之數據。直到 1543 年，中風癱瘓的他，不得不將這份手稿交給瑞提克斯，隨即印刷出版。過沒多久，哥白尼就去世了，並沒有親眼目睹這本書所引發的爭議。

NICOLAI
COPERNICI TO-
RINENSIS DE REVOLVTIONI-
bus orbium coelestium,
Libri VI.
IN QVIBVS STELLARVM ET FI-
XARVM ET ERRATICARVM MOTVS, EX VETE-
ribus atque recentibus obseruationibus, restituit hic autor.
Praeterea tabulas expeditas luculentasque addidit, ex qui-
bus eosdem motus ad quoduis tempus Mathe-
matum studiosus facillime calcu-
lare poterit.
ITEM, DE LIBRIS REVOLVTIONVM NICOLAI
Copernici Narratio prima, per M. Georgium Ioachi-
mum Rheticum ad D. Ioan. Schone-
rum scripta.
BASILEAE, EX OFFICINA
HENRICPETRINA.

圖 2.1：《天體運行論》第二版 (1566) 扉頁

《天體運行論》序言裡有一段話如下：

> 因此，在我稍後會描述的地球運動的假設下，藉由長期深入的研究，我終於發現，如果把其他行星的運動看成是和地球一樣的圓周運動，按照各自的運行來計算，不僅天象與結論相符，而且所有星體與天球的大小與分布順序，以及整個天穹彼此緊密聯繫在一起，任何其他部分的分離將造成其他部分乃至整個宇宙的混亂。

雖然這篇序言不是哥白尼親自寫下，但是，仍然可以說明哥白尼是經過對前人，尤其是希臘時期的資料深入研究之後，才有了假設地球跟其他行星一起繞著太陽運行的想法。然而，整個天文體系不是一個簡單的假設就完事，他這套繞太陽轉動的模型，必須要能解釋觀察到的天文現象才行。首先，就行星逆行現象而言，用地球與行星運行軌道來解釋，以地球在內圈，觀察的星體在外圈的情形來說明，由於行星繞太陽運行的速度在內圈較快，地球與行星的相對位置有所改變，因此，產生像是逆行的視覺效應，如圖 2.2，觀察者看到的位置變化就會有「**順行 → 留 → 逆行 → 留 → 順行**」的效果。

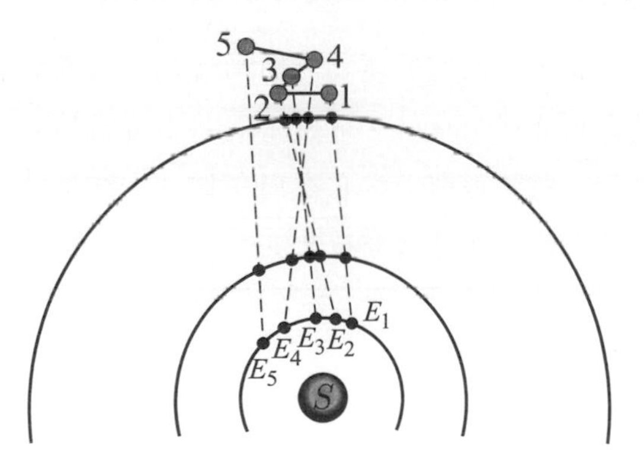

圖 2.2：行星逆行圖解

哥白尼的繞日運轉系統還可以解釋托勒密系統解釋不了的巧合現象。圖 2.3 (a)為繞太陽運行的哥白尼系統，其中 E 為地球，S 為太陽，A、B 為行星。圖 2.3 (b)為地球不動的托勒密本輪系統，行星 A 與 B 在分別以 C、D 為圓心的本輪上運行。實際上，我們在地球觀察到的行星現象為(a)中的 $\overrightarrow{EA}$ 與 $\overrightarrow{EB}$，其中 $\overrightarrow{EA}=\overrightarrow{ES}+\overrightarrow{SA}$，$\overrightarrow{EB}=\overrightarrow{ES}+\overrightarrow{SB}$；

然而，在托勒密系統中，從地球觀測到的現象為 $\overrightarrow{EA}=\overrightarrow{EC}+\overrightarrow{CA}$，$\overrightarrow{EB}=\overrightarrow{ED}+\overrightarrow{DB}$，兩者要相符合時，只有當 $\overrightarrow{ES}=\overrightarrow{CA}=\overrightarrow{DB}$，以及 $\overrightarrow{SA}=\overrightarrow{EC}$, $\overrightarrow{SB}=\overrightarrow{ED}$ 時才會發生。也就是說，在托勒密系統中，由觀察到的結果去推算這些周轉圓（圓 C 與圓 D）的半徑總是相等，相位還會一樣，以這個系統並無法解釋這種「巧合」！事實上，哥白尼告訴我們沒有所謂的巧合這一件事，一切都是「天意」，自然產生的結果。

哥白尼堅持在他的日心系統中使用圓形軌道，因為正如同古希臘人所主張，圓形簡單、完美、和諧又有對稱性。他在《天體運行論》第一卷的第四章中提到：

> 現在我應當指出：天體的運動是圓周運動，因為球體最適當的運動就是沿著圓周旋轉。球體正是藉由這樣的動作顯示它作為最簡單物體的形狀，當它在同一個地方旋轉時，起點與終點既無法發現也無法區分彼此。

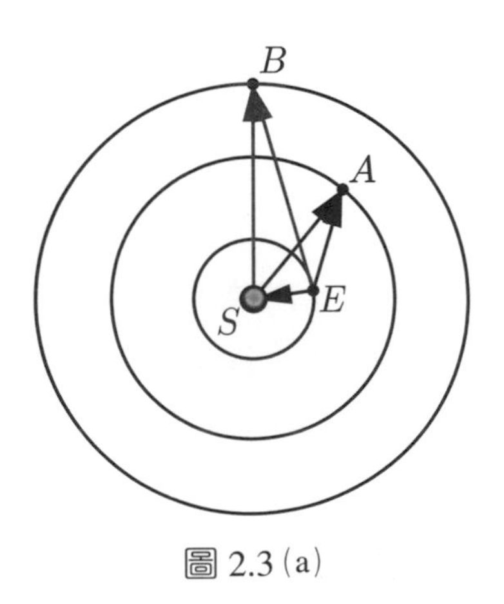

圖 2.3 (a)

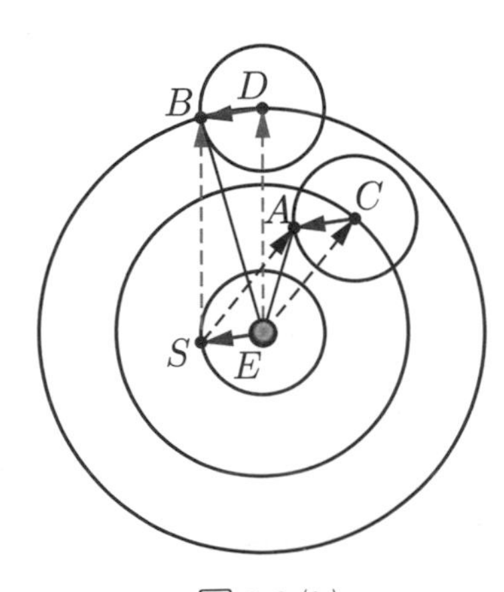

圖 2.3 (b)

利用簡單的圓形軌道，配合觀測到的行星位置角度變化，哥白尼可以計算出各行星運行的週期與軌道半徑，從而定出星體在宇宙天球上的順序。簡單說明如圖 2.4，利用行星 P 與地球同一直線的兩個位置，此時行星從 P_1 到 P_2 經過 t 年，運行的角度為 α，地球因為速度較快（在內圈），經過了 $360° + \alpha$。令行星 P 的週期為 T，地球的週期為一年，由於運行的角速度不變，故

$$\frac{360°}{1\text{ 年}} = \frac{(360° + \alpha)}{t\text{ 年}} = \frac{360}{t} + \frac{\alpha}{t} = \frac{360}{t} + \frac{360}{T}$$

其中，對行星 P 而言，$\frac{360°}{T} = \frac{\alpha}{t}$，因此，可得 $\frac{1}{T} = 1 - \frac{1}{t}$，由此可計算週期 T。

利用類似的方法，再加上週期已知的話，就可計算得行星軌道半徑。

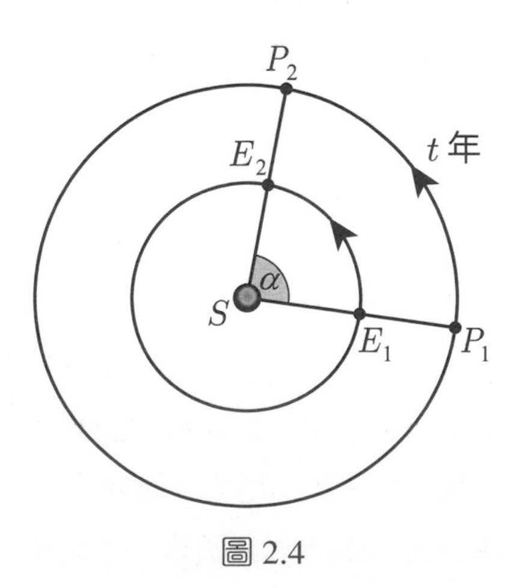

圖 2.4

若純粹從幾何學坐標的角度來看，哥白尼系統的日心說與托勒密系統的地心說，本質上只是參考點的不同而已。就好像我們選擇了不同的原點與正向，因此，坐標表示就會因應而不同，哥白尼做的即是這樣的幾何變換。不過，若從宗教與形上學的角度來看，那就是思想上的一大「改宗」(conversion) 了。由於哥白尼對圓形軌道的堅持，在圓形軌道計算出的結果跟實際觀測值有些許的誤差時，哥白尼在不得已之下，還是使用了托勒密的本輪徑路進行修正，這不僅讓他犧牲了正確性，還犧牲掉他所念茲在茲的和諧性。真正放棄托勒密體系的第一人是約翰尼斯・克卜勒 (Johannes Kepler, 1571–1630)。不過，在說明克卜勒的天文體系之前，我們必須先了解伽利略・伽利萊 (Galileo Galilei, 1564–1642) 提出的運動學新觀點。

伽利略與《關於兩門新科學的對話錄》

西元 1633 年，在哥白尼去世九十年之後，伽利略遭受羅馬宗教法庭審判，至於他被指控的原因，則是他的《關於兩大體系的對話》(*The Dialogue on the Two Chief World Systems*, 1632) 贊成哥白尼日心說（或地動說）的主張。不過在幾年前，當 1597 年克卜勒在信中希望伽利略公開支持哥白尼的日心說時，伽利略僅是表示同情而已，當時他對學問的熱情，還聚焦在物理機械理論上。

伽利略從小就顯示出一種對數學與機械研究的愛好，在比薩大學就學時，他開始熱情地研究數學。從他後來的著作中，也顯現出他對歐幾里得、阿基米德數學內容的熟悉度。1589 年，伽利略成為比薩大學的教授，被要求講述托勒密的天文體系，也是在那時伽利略對天文學有了較深刻的理解，開始與亞里斯多德和托勒密分道揚鑣。1589–

1592 年間，伽利略著手寫作《運動學》(*De Motu*) 這本身後出版的著作，其中他反駁亞里斯多德的運動和天文學觀點，並開始進行有關自由落體的研究。在該書最後部分，伽利略的寫作風格開始轉變為以對話形式來展開內容。

當伽利略因為傳播哥白尼學說而違反詔令，被判以居家終身監禁時，開始了他的最後著作《關於兩門新科學的對話》(*The Discourses and Mathematical Demonstrations Concerning Two New Sciences*，簡稱《兩門新科學》) 的撰寫。在該書中，他所關注的兩門新科學依序為材料科學與運動學。針對後者，伽利略重新溫習並改進了他以前對運動學的研究以及力學原理。該書以三位主角的對話形式寫成，其中薩耳維亞蒂 (Salviati) 是伽利略的代言者，辛普里修 (Simplicio) 是「過時的或保守的」亞里斯多德學派代表，擔任批評者的角色；另外，還有通常都贊同薩耳維亞蒂觀點的睿智仲裁者薩格利多 (Sagredo)。

DISCORSI
E
DIMOSTRAZIONI
MATEMATICHE,
intorno à due nuoue ſcienze
Attenenti alla
MECANICA & I MOVIMENTI LOCALI,
del Signor
GALILEO GALILEI LINCEO,
Filoſofo e Matematico primario del Sereniſſimo
Grand Duca di Toſcana.
Con una Appendice del centro di grauità d'alcuni Solidi.

IN LEIDA,
Appreſſo gli Elſevirii. M. D. C. XXXVIII.

圖 2.5：伽利略肖像畫 (1636)　圖 2.6：《兩門新科學》扉頁 (1638)

伽利略通常被視為是這段科學革命時期的 「**現代論者**」 (**the moderns**) 中，將自然哲學建立在數學基礎上的第一人。1623 年，他在《試金者》(*IL Saggiatore*) 中描述了何謂科學方法，並表達如下的數學哲學主張：

> 自然哲學是寫在自來就擺在眼前的那一本大書上——我的意思是宇宙——假使我們不事先學會書中所寫的語言，並理解它所使用的符號，是無法理解的；其符號無非是一些三角形、圓形和其他幾何圖形而已。沒有這些符號的協助，我們恐怕連書中的一個單字都無法了解；對任何一個記號掉以輕心，也將會使我們如同在黑暗的迷宮中，空走一趟。

伽利略主張依循可靠的觀察與數學提供的精確推論，來研究這本「自然之書」，這種「新」的科學方法充分體現在《兩門新科學》之中。

事實上，《兩門新科學》第一天的對話開始不久，在討論材料抵抗力的問題時，借薩耳維亞蒂之口說咱們的院士先生（指伽利略作者本人）：「按照他的習慣，他已經用幾何學的方法，演證了每一件事，因此，人們可以公正地把這種研究稱為一門新科學。」在該書中，伽利略除了以幾何和比例的「新」概念，來進行關於力學與運動學的論證之外，《幾何原本》的論述結構與內容，也一再出現在《兩門新科學》之中。在第三天的一開始，關於均匀運動（即等速運動）的內容裡，如同 《幾何原本》 一般，他先給出均匀運動的定義，接著是 4 個公理，然後是定理／命題，描述與均匀速度有關的數學比例關係式，譬如，定理 1（或命題 1）為：[4]

> 如果一個以恆定速率而均勻運動的粒子通過兩段距離，則所需的時段之比等於該二距離之比。

我們以下面的例子，來佐證伽利略以幾何與比例的概念進行論證。十七世紀的義大利正處於不可分量與無窮小量爭議的中心，儘管伽利略支持不可分量與無窮小量的概念，他在以數學這個語言來描述自然世界的原理時，卻僅有一次用到這個概念。伽利略在《兩門新科學》第三天關於自然加速的運動（即等加速度運動）的定理 1／命題 1 中，提到關於作等加速運動的自由落體之移動距離。

見圖 2.7，假若一個物體一開始靜止於 C 點，做等加速度運動落到 D 點，線段 AB 代表此物體從 C 落到 D 的時間，並以垂直於 $\overline{AB}$ 的一個線段 BE 代表落至 D 點的最大速度；連接 $\overline{AE}$，在 $\overline{AB}$ 間等距地畫出平行 $\overline{BE}$ 的線段，以表示從時刻 A 之後某個時刻的速度。又 F 為 $\overline{EB}$ 的中點，作 $\overline{FG}$ 平行 $\overline{BA}$，$\overline{GA}$ 平行 $\overline{FB}$，因此得到一平行四邊形 $AGFB$（事實上為矩形），其面積等於 $\triangle AEB$。為什麼面積會相等呢？伽利略的解釋就是重點所在了。他說若 $\overline{GF}$ 平分 $\overline{AE}$ 於 I 點，將 $\triangle AEB$ 中的平行線都延長到 $\overline{GI}$，因為在 $\triangle IEF$ 中的平行線等於在 $\triangle GIA$ 中的平行線，再加上個共同的梯形 $AIFB$，因此，在矩形 $AGFB$ 內所有平行線的總和，等於在三角形 AEB 中所有平行線的總和。而在時間區間 AB 中的每一個時刻，都對應到線段 AB 上的一個點，從這些點畫出去的平行線代表每一時刻的速度，因此，三角形 AEB 的面積代表作等加速度運動物體移動的總距離，而長方形面積則代表以

---

[4] 在《兩門新科學》中，定理與命題並置。但也有問題與命題並置的情況，編號當然就不一致，譬如第四天對話中的問題 1 是對應到命題 4，因此問題 1 與命題 4 並置。

最大速度一半作等速運動所移動的總距離，兩者相等。

伽利略緊接著提出定理 2／命題 2：「一個從靜止開始以均勻加速度運動的物體所通過的空間，彼此之比等於所用時段的平方比。」這個命題指出：以等加速度運動的自由落體，從靜止開始落下所移動的距離與時間的平方成正比，亦即：$S=\frac{1}{2}gt^2$。這是我們現在熟悉的自由落體距離公式。

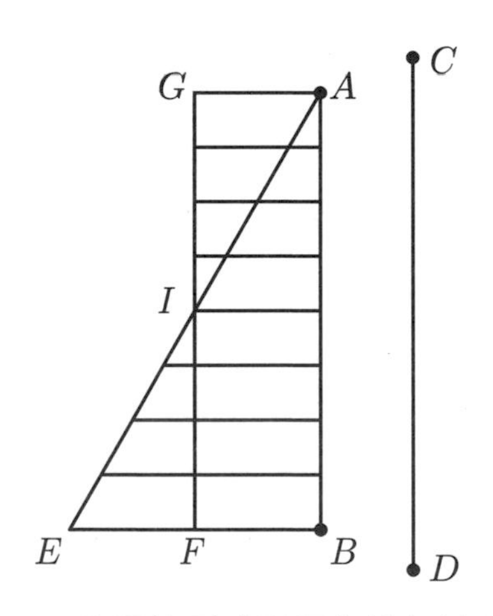

圖 2.7：伽利略以不可分量的形式解釋作等加速度物體移動之距離

不過，在《兩門新科學》第三、四天的對話錄中，伽利略最想凸顯的，莫過於拋射體 (projectile) 路徑的實證推論，真正為我們揭開近代科學的序幕。事實上，早在第三天對話錄一開始的第二段，伽利略就指出：

曾經觀察到，砲彈或拋射體描繪某種曲線路程，然而卻不曾有人指出一件事實，即這種路徑是一條拋物線。但是，這一事實的其他為數不少和並非不值一顧的事實，我卻在證明它們方面得到了成功，而且我認為更加重要的是，現在已經開闢了通往這一巨大的和最優越的科學的道路；我的工作僅僅是開始，一些方法和手段正有待於比我更加頭腦敏銳的人們，用來探索這門科學的更遙遠的角落。[5]

伽利略這個第一位用數學的數量關係描述運動的科學家，以數學原理提出的運動學新觀念得以解釋地球上的運動現象。然而，儘管因為支持哥白尼的日心說而遭受審判，他的運動理論還是無法解釋行星為何會繞著太陽運行，而不是以直線運動越跑越遠。此時，同時代的克卜勒同樣藉由可靠的觀察數據與數學精確的推論這種「新」的科學方法，先一步地描繪了行星繞行太陽的軌道問題。

2.3 克卜勒與《新天文學》

德國天文學家克卜勒在大學學習時，原本對神學是比較有興趣的，但後來在他的天文學教授推薦下，到奧地利一所新教的教會學校擔任數學教師。某天上課在黑板上畫著正三角形的內切圓與外接圓時，發現這兩者的半徑比居然與哥白尼《天體運行論》中的木星與土星軌道（均輪）半徑比非常接近，而大受啟發，他整個生命史也為之改觀。

他假定當時已知的除了月亮之外的六大行星，都以這樣的方式圍

---

[5] 引伽利略，《關於兩門新科學的對話》，頁 155–156。

繞太陽排列，使得幾何圖形可以完美地鑲嵌其中（見圖 2.8）。一切像是天意註定好的一樣，在天球中的六大行星軌道，中間鑲嵌著的五種正多面體，他說：

> 上帝在創造宇宙、制定宇宙秩序的時候，使用了畢達哥拉斯和柏拉圖以來就已知的五種標準幾何空間……祂根據五種幾何的尺寸，修正天體的數目、位置和運動關係。

這個關於行星軌道與距離的幾何理論讓克卜勒寫下《宇宙的奧祕》(*Mysterium Cosmographicum*) 一書，於 1596 年出版。儘管克卜勒這個假設似乎很難行得通，但是，結果卻是驚人的準確。他將這本書寄給當時赫赫有名的觀測天文學家第谷・布拉赫 (Tycho Brahe, 1546–1601)。當他因為宗教原因被迫離開教書的城市時，拜訪了當時在布拉格進行觀測的第谷，此時第谷正缺一位數學助理幫他進行運算的工作，而傳說當時的克卜勒「正覬覦著」第谷豐富的觀測數據，最後，克卜勒因為他的數學能力得到了這份工作。

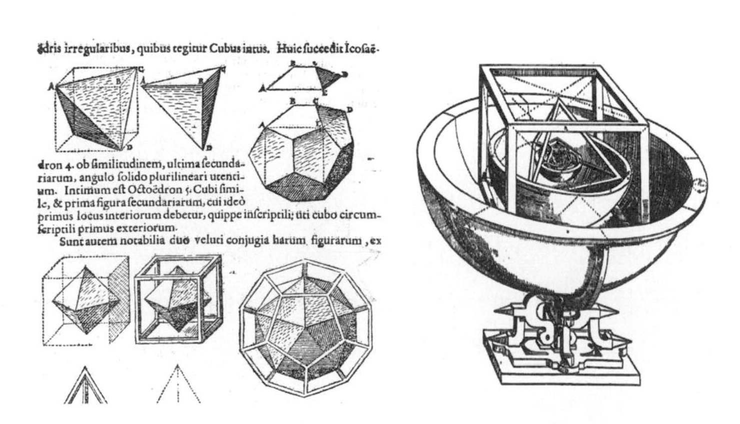

圖 2.8：左為《世界的和諧》的插圖，右為《宇宙的奧祕》的圖

克卜勒在與第谷合作的這段時間，第谷將很難搞的火星軌道問題交給他去研究，這一研究下去就是長達八年的抗戰。在第谷突然因為膀胱感染去世之後，克卜勒得以掌握第谷的觀測資料。有了這些完整詳盡且精確的觀測數據為基礎，再加上複雜的數學運算，克卜勒於 1605 年公布他的第一定律，並與第二定律一起發表在 1609 年出版的《新天文學》(*Astronomia nova*) 中。克卜勒在天體模型建立上的一大優勢，正是第谷精確的觀測數據，在當時這些數據不管在量或質方面，都是數一數二的，更不是托勒密或哥白尼時代，沒有用任何工具進行的觀測所能比擬的。再加上克卜勒認為自己稍微勝過哥白尼一點的地方，就在於認識到行星的運行是從轉動中的地球觀測，並以真正的太陽為固定的參考點，而不是運行的圓形軌道之圓心 (mean sun)。例如，考慮在太陽、地球、行星成一直線的行星衝 (opposition) 時，就應該考慮真正的太陽與地球與行星成一直線的情況（見圖 2.9）。

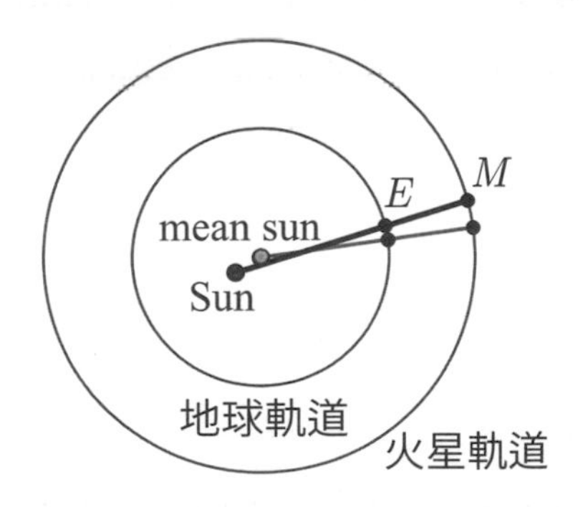

圖 2.9：黑色線為真正的行星衝，兩者間夾角為錯誤假設造成的誤差

《新天文學》還有個副標題叫做「**論火星**」，克卜勒將他與火星多年的奮戰心得與心血結晶寫在這本書上，其主要目標解決火星的軌道

相關問題。在第一章中，克卜勒先將第谷與他自己對火星的觀測資料，詳細地畫了一張從地球觀測火星的運行位置圖，時間就從 1580 年畫到 1596 年，從圖上可以清楚看出火星的逆行現象。接著，克卜勒必須建立起自己的天體運行模型。他將托勒密的勻速點 (equant)，均輪與本輪的觀念再次引入，假設火星在以太陽及勻速點中點為圓心的圓形軌道上，繞著勻速點做等角速度運行。接著，從觀測數據著手，這些數據「應該」要符合這個假設的模型才對，於是，他分別從自己以太陽為參考點的觀測數據（圖 2.10 中的虛線），以及托勒密以勻速點為參考點觀測的觀測數據（圖 2.10 中的粗黑線）中挑選四個時間點，兩組系統中的交點應該就是火星圓形軌道上的點。

克卜勒用了一種重複步驟的迭代法來進行計算，這是個相當繁瑣又複雜的計算過程，在這些計算之後，他抱怨說：

> 如果你覺得這個令人厭煩的方法讓你覺得厭惡，那麼你應該要對我充滿同情，因為我花費了大把時光計算了至少七十次。

克卜勒並沒有就此停手，他接下來要計算太陽到火星的距離。如圖 2.11，他先選擇一個火星位於行星衝的時間點及其位置，然後，經過一個週期（687 天）之後，此時地球在 E 的位置，利用太陽 S、地球 E 與火星 M 之間的觀測角度，以簡單的正弦定理即可計算日一火距 $\overline{SM}$。很不幸地，克卜勒用真實的觀測數據計算出來的日一火距，跟模型中算出來的日一火距並不一致，這表示可能圓形軌道的假設是錯誤的。

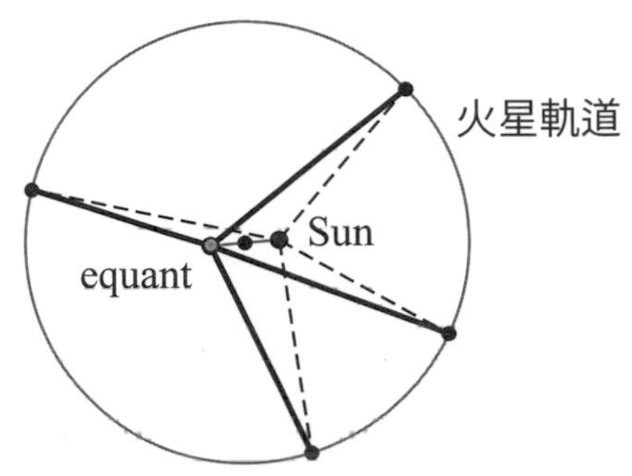

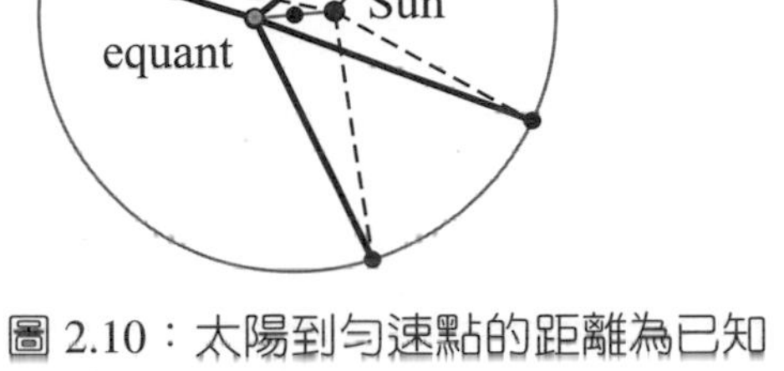

圖 2.10：太陽到勻速點的距離為已知

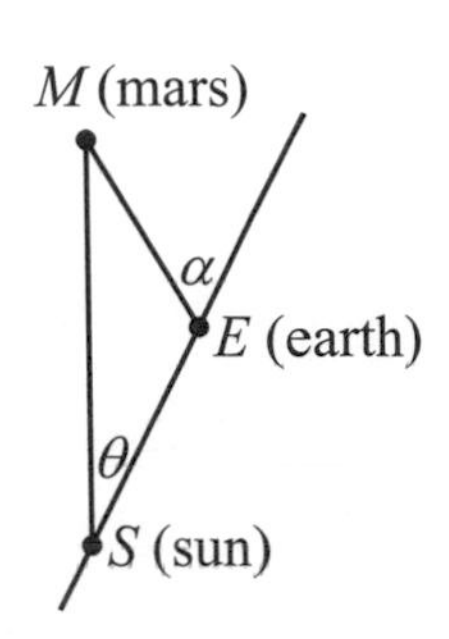

圖 2.11

克卜勒起初還是使用火星圓形軌道的假設，雖然他已知不正確，但至少可以提供較為近似的結果。在克卜勒之前的天文學家，已經知道行星在近日點時運行速度較快，在遠日點時走得較慢，他想要知道的是火星到達遠日點之後，所經過的弧長與所用時間之間的關係。在此，克卜勒假設太陽到火星的距離與速度成反比，即 $\frac{r_1}{r_2}=\frac{v_2}{v_1}$（我們現在知道這個關係只在近日點與遠日點才成立）。這個問題的困難之處，在於行星每個時刻的速率皆不相同，在微積分這個工具還沒發明之前，克卜勒從阿基米德尋求圓周長與直徑之比的過程中得到啟發。事實上，在《新天文學》中，他曾多次引用阿基米德的書籍與內容，因此，他相當熟悉處理曲線面積的分割手段，以及這種方法可以產生的威力。透過他的速度假設，他將速度轉換成每個無窮小弧段所需的時間與太陽一火星之連線的向徑（距離）成正比，那麼，在選取適當的單位之後，時間就可以用連線的這段向徑表示。最後，他推理得到通過有限弧段所需的時間，可以看作構成那個部分扇形的所有向徑和，也就是，太陽一火星連線所掃過的面積。儘管他知道這個無窮小的論述不夠嚴謹，他還是將它陳述成一個「**法則**」**(law)**，亦即我們現在所稱的克卜勒行星第二定律：太陽與行星的連線在相等的時間內掃過的面積相等。我們可以看到這是一個基於不正確的圓形軌道假設，與不正確的速度關係，所得到的正確結果，克卜勒僅在《新天文學》的最後一章（第 60 章）中，重新以橢圓的性質說明這個面積定律，倒是沒有修改他錯誤的速度假設。

如上所述，克卜勒起初假設火星的運行軌道為圓形，但是，在他對火星到所假設之圓形軌道中心的距離，進行了各種計算之後，發現火星在近日點與遠日點附近時，到軌道中心的距離較遠，而其他部分的距離較小，因此，軌道不可能是圓形。雖然要放棄這種從古希臘以來一直根深蒂固的基本信念，對克卜勒而言並不容易，更何況還會摧毀克卜勒一直以來想要追求的「宇宙和諧」。不過，基於對真理的追求，經過多年的努力與掙扎之後，為了符合實際觀測數據，他只好將軌道轉而假設成某種卵形曲線，並開始了長達兩年修正、再修正的計算過程。

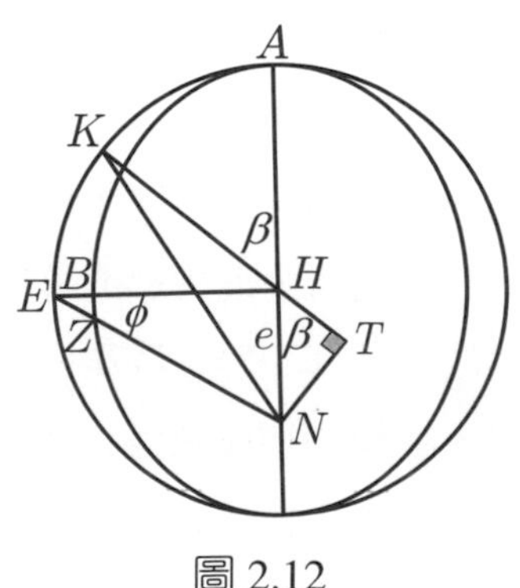

圖 2.12

克卜勒利用觀測所得的 19 種不同位置的太陽一火星距離來描繪計算火星的軌道。如圖 2.12，若設圓的半徑為 1，圓心為 H，太陽到圓心的距離 $\overline{NH}=e$ 已知 。 他發現在圓周與這個類似於橢圓的卵形曲線之短軸頂點間的距離 $\overline{EB}=0.00429$，剛好等於 $\frac{1}{2}e^2$，因此，

$$\overline{HE}:\overline{HB}=1:(1-\frac{e^2}{2})\approx 1+\frac{e^2}{2}:1=1.00429:1$$

1.00429 這個數字引起了克卜勒的注意，他注意到這個數字剛好就是 $5°18'$ 的正割值，即 $\sec(5°18')=\frac{1}{\cos(5°18')}=1.00429$。在這種情形中，$5°18'$ 剛好是 $\overline{EH}$ 與 $\overline{EN}$ 的夾角，此時 E 為與遠日點 A 成 $90°$ 時圓周上的點。因此 $\overline{HE}:\overline{HB}\approx\overline{NE}:\overline{NZ}\approx\overline{NE}:\overline{EH}$，其中 Z 為火星卵形軌道上的點。

見到此克卜勒有如大夢初醒，他說：「當我看到這時，彷彿從夢中被喚醒，見到一道曙光向我穿透。我開始了底下推理。」此時克卜勒靈機一動，當 $\overline{HK}$ 與 $\overline{HA}$ 的夾角為任意角 β（不一定 $90°$）時，

$$\overline{NK}:(\text{太陽一火星距離})=\overline{NK}:(\text{在 }\overleftrightarrow{NT}\text{ 上的垂直投影 }\overline{KT})$$

換句話說，太陽一火星距離 $=\overline{KH}+\overline{HT}=1+e\cos\beta$（令其為 ρ）。但是這個軌道曲線到底為何？什麼樣的曲線才會滿足太陽到火星的距離函數 $\rho=1+e\cos\beta$？這時火星的位置又該如何決定呢？

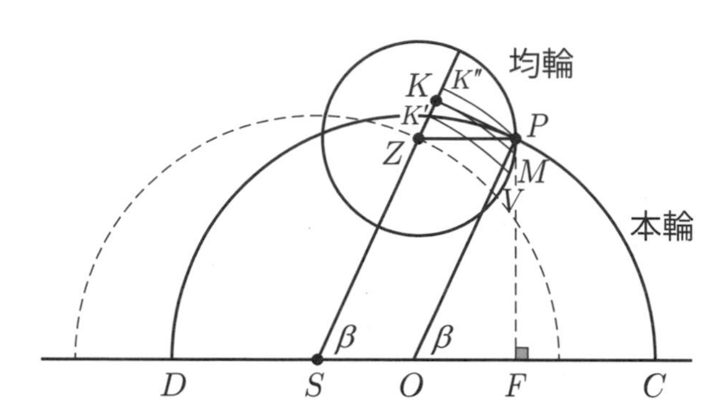

圖 2.13：克卜勒書中曾採用的三種不同軌道曲線

克卜勒在《新天文學》中曾前後採取了三種不同的軌道曲線，在經過許多無用的計算追逐之後，克卜勒最後決定姑且用橢圓來試試，結果才發現原來他所追求的一直近在眼前，他也坦承自己就像做了許多錯事的生手一般。按照他採用的第 3 種畫法，過 P 點作 $\overrightarrow{SK'}$ 的垂線，交於 K 點，以 $\overline{SK}$ 為半徑畫弧，交 $\overline{PF}$ 於 M 點。如圖 2.13，克卜勒從 K 點做對稱軸的垂直線，交火星軌道於 M 點，此時 $\overline{NM}$ 即為太陽一火星距離 $\rho = 1 + e\cos\beta$，利用上述的觀測數據計算，可將這個曲線上的點看成圓上相對應的點以 $\dfrac{HB}{HA}$ 的比例壓縮，即為橢圓，且太陽在其中一個焦點的位置上。因此，克卜勒得到他的第一定律：行星運行的軌道即是以太陽為一焦點的橢圓。

另一方面，克卜勒的第三定律：行星公轉週期的平方，和其橢圓軌道半長軸的三次方成正比，是以一個經驗事實的形式，首次出現在後來出版的《世界的和諧》(*Harmonies of the World*) 中。這三個行星定律在天文學與物理學上都有相當重大的地位。克卜勒所走的是一條沒有前人走過的路，有精確的觀測數據與紮實的數學推理做靠山，也有敢於創新的勇氣。

不過，克卜勒用數學描述的運動現象屬於宇宙上的行星，與伽利略描述的地球上的運動彷彿兩個世界，能夠用數學將天體與地球上的運動學整合統一呈現的內容，則出現在牛頓的《自然哲學的數學原理》(*Philosophiæ Naturalis Principia Mathematica*, 1687) 之中。

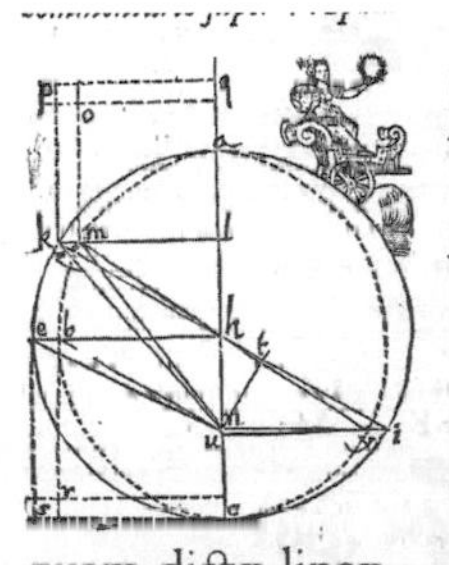

Sit enim circulus AEC. *in eo ellipſis* ABC *tangens circulum in* AC. & *ducatur diameter per* A. C. *puncta contactuum*, & *per* H *centrum. Deinde ex punctis circumferentiæ* K. E. *deſcendant perpendiculares* KL, EH, *ſecta in* M. B. *a circumferentia ellipſeos. Erit ut* BH *ad* HE, *ſic* ML *ad* LK. & *ſic omnes aliæ perpendiculares.*

II.

Area ellipſis ſic inſcriptæ circulo, ad aream circuli, habet proportionem eandem, quam dictæ lineæ.

Vt enim BH *ad* HE, *ſic area ellipſeos* ABC *ad aream circuli* AEC. *Eſt*

圖 2.14：《新天文學》第 59 章插圖

 牛頓與《自然哲學的數學原理》

無庸置疑地，牛頓 (Sir Isaac Newton, 1643–1727) 是當今世上最偉大的科學家與數學家之一，他的著作《自然哲學的數學原理》（簡稱《原理》）還曾被譽為最偉大的科學作品。1661 年，牛頓進入劍橋大學三一學院 (Trinity College) 就讀，打算要攻讀法律學位。根據棣美弗 (Abraham de Moivre, 1667–1754) 的說法，牛頓開始對數學有興趣始於 1663 年。那年，他在劍橋的一個博覽會中買了一本占星學的書，他發現他居然看不懂裡面的數學，於是，他開始試著看三角學的書，又發現他缺乏幾何方面的相關知識，因此，他決定開始從歐幾里得的《幾何原本》讀起，接著，就是一連串勤奮的數學自學過程。1665 年的夏天，從荷蘭境外移入的鼠疫開始肆虐整個倫敦，劍橋大學也因此關閉。在這段不到兩年的時間裡，二十二歲的牛頓回到了家鄉，開啟了他在數學、光學、物理學與天文學上革命性的研究。牛頓在年老時，回憶起他一生重要研究成果的理論雛形，曾說：「所有這些皆在 1665 年至 1666 年的鼠疫期間產生的，因此，這些日子是我發明及專注於數學與哲學最精華的歲月。」

倫敦的鼠疫過後，牛頓重新回到劍橋大學。1672 年他在皇家學會的會刊上發表第一篇科學上的論文，這篇光學上的論文卻引來虎克 (Robert Hooke, 1635–1703) 與惠更斯的反對意見；在關鍵的三稜鏡實驗爭論中，牛頓堅持對於物理探究之確定性的期待，應該源自自然哲學實作中的數學基礎，而非經驗基礎。1678 年，或許是因為來自知名學者的批評與爭論，牛頓經歷了第一次的精神崩潰，把自己封閉起來不與外界往來。1684 年因為哈雷彗星而成名的哈雷 (Edmond Halley, 1656–1742) 造訪牛頓，詢問他有關行星運行軌道問題，並鼓勵牛頓出版他的新物理學與天文學方面的完整論文，甚至還願意幫牛頓出資負擔出版費用。牛頓終於在 1687 年出版《原理》這本被譽為史上最偉大的科學著作，並在 1713 與 1726 年再版與重新修正。

牛頓呈現在《原理》中的自然哲學，更加明確地闡釋了伽利略初步提出過的科學研究方法：從可以清楚明白的被證實的現象出發，將會獲得用精確的數學語言所描述的自然界行為狀態的定律，這些定律中牛頓最著名的貢獻，就是將描述天體與地球的物理理論合而為一。按照伽利略的第一運動定律，物體應該永遠沿著一條直線運動，除非受到外力的作用；而按照克卜勒的定律，行星繞著太陽做橢圓運動，因此，必定有某種力的作用讓行星放棄直線運動而繞著太陽轉，就好像太陽本身產生了一種作用在行星上的吸引力一樣。牛頓時代的科學家們也了解地球有吸引物體的引力，太陽吸引行星的引力與地球吸引物體的引力是一樣的嗎?牛頓將這個問題的想法轉變成一個數學問題，他沒有去闡述產生這種力的成因，而是用了同一個數學公式來描述太陽對行星的作用，以及地球對它附近物體的作用，這個數學公式就是我們現在熟悉的萬有引力定律：$F=\frac{GMm}{r^2}$。

牛頓的《原理》共有三卷，第一卷包含牛頓的三大運動定律，第二卷是第一卷的擴充，原先的寫作計畫中並沒有這部分屬於流體力學的內容。第三卷標題為〈宇宙體系（使用數學的論述)〉，在這一卷中推導出萬有引力定律，以及向人們演示這個定律可以解釋當時已知的行星運動，以及月球、彗星、春秋分點和海洋潮汐的運動。從這本書的書寫結構來看，可以明確感受到歐幾里得與伽利略的著作對牛頓的影響。譬如，第一卷從定義開始，然後是三個運動定律，接著有定理與問題，定理與問題仿照伽利略的《兩門新科學對話錄》，以命題加以編號，並在證明的過程中以《幾何原本》的論證形式，嚴格遵守命題上的邏輯順序。事實上，在第一卷中，牛頓由他的運動定律以及已證得之命題內容，已推論出克卜勒的第三定律，因而在第三卷中，僅作為「現象」來敘述。

牛頓在《原理》第三卷〈宇宙體系（使用數學的論述)〉中，先在命題 2（定理 2）說：

> 使行星連續偏離直線運動，停留在其適當軌道上運動的力，指向太陽，反比於這些行星到太陽中心距離的平方。

接著，他利用地球附近的月球，來說明地球對月球的吸引力，也是與距離的平方成反比，因此，他得到了關於這一作用的最重要結果：宇宙間所有物體之間的相互吸引力都遵循相同的規律。接著在命題 7（定理 7），利用第一卷的運動定律與命題推論，得到：「*對於一切物體存在著一種引力，它正比於各物體所包含的物質的量。*」牛頓得到這個萬有引力定律之後，接著利用它證明了克卜勒的第一、第二定律，並利用它解釋了我們在地球上看到與感受到的天文現象。

牛頓對數學的專業與信賴，也展現在他所寫作的幾份數學論文中，包含代數、二項式定理延拓，以及微積分相關論文著作。而將宇宙統一在一起的萬有引力可以用數學式表達，這件事也展示出某種模式的可行性：從對真實事物的觀察中，演繹出以數學為表達方式的定律，達成物理上的確定性。不過，這樣的方式或信念在十七世紀並不是每位科學實作家都是欣然接受的，譬如，波以耳、培根 (Francis Bacon, 1561–1626) 就曾質疑這種數學的「**理想化**」**(idealizations)** 並無法解釋具體的實際例子，像是在摩擦力條件下的運動情形；同時，牛頓的這種科學概念所付出的代價，就是不再探究物理上的原因 (cause)，他認為「*對那些力只要用數學概念加以解釋就好，不須探究其原因*」，數學化與尋求物質的或其他原因的走向相違背，牛頓也因此承受不少批評，甚至導致精神崩潰。這些從十七世紀科學革命時期遺留下來的科學知識，在現代大多能檢驗其正確性，然而，科學研究中存在的爭論議題，到現在還無法簡單定下是非，或許這些爭議是現代漸漸轉而以機率解釋現象成因的一個源頭吧。

第 3 章

近代數學的起點(一)

3 近代數學的起點(一)

歐洲世界到了十七世紀，文藝復興時期的思潮影響逐漸展現，而人們對待大自然觀念上的轉變，尋求新的方法解釋自然現象等等，都讓數學發展的步伐加快，同時印刷工藝也已相當發達、透過書信的往來與印刷品的傳播，讓數學家的想法更容易傳達給同儕進行評論，一起投入研究而在最後加以拓展。在本章中，我們將論述焦點放在三個此時期剛興起的數學研究分支——數論、古典機率及坐標（或解析）幾何。巧合的是，這三個主題恰好都與法國數學家費馬 (Pierre de Fermat, 1601–1665) 有關，本章就以費馬為主軸，來考察這三個領域在十七世紀的發展過程。

這三個領域在近代西方數學發展過程中，都具有各自的重要特色，在本章之中，依序論述數論、古典機率及坐標幾何。

3.1 數論

數論 (number theory) 這一研究主題，其實早在古希臘時期就已存在，如《幾何原本》中 VII 至 IX 冊內容所顯示的，就是古希臘時期的數論研究成果。再者，丟番圖的《數論》(*Arithmetica*) 這本問題集，儘管書名叫 *arithmetica* (= arithmetic)，卻不是論述諸如小學算術運算之類的技巧，而是一本有系統組織的不定方程之問題集，全都要求有理數的解。這本著作藉由文藝復興時期學術界對希臘古籍的重視，再度展現它的影響力，同時，它對數論這一分支的再現與擴展，更是功不可沒。事實上，這本著作除了啟發韋達、費馬，以及笛卡兒等十六至十七世紀那些對數學有興趣的研究者之外，也藉由費馬在他所使用的那本拉丁文翻譯本上的註解，持續刺激數學的研究長達三百多年。

費馬是自斐波那契以來，第一個撰寫數論專門著作的學者，然而，他對數論的興趣在當時卻沒有受到同時代人的響應。費馬出生於法國西南部，父親是一個富有的皮革商人，在 1620 年代搬到波爾多之後，開始他的數學研究。之後，他離開波爾多到法國中部奧爾良 (Orléans) 的大學攻讀法律學位，畢業之後在圖盧茲 (Toulouse) 議院擔任接待室的顧問，也在司法部門擔任審判事務。在文職官員職位上的快速晉升，讓他必須更小心政治上的陰謀詭計，因此，他盡量低調行事，避免政治上的混亂延燒到自己身上，也就將所有剩餘的時間，都投注到自己的愛好數學上。

費馬在政治上的低調作為，延伸到他對數學研究發表的態度上。當時由於期刊尚未問世，數學家主要藉由通信溝通彼此的研究內容，或是與其他數學家進行挑戰或交流想法。費馬也不例外，他經常與當時備受信賴的梅森神父 (Mersenne) 通信，其目的有時候是為了給自己的新發現「打卡」(優先權的登錄)。尤其是他與巴斯卡通信，討論機率問題的想法，將是我們主要的關注所在。他對自己能創造新的、且未被他人觸及的定理，感到愉悅與滿足，當然，他也熱衷挑戰同時代的數學家。儘管如此，他卻鮮少公開自己的證明方法，也不太想將他的研究著作發表於世人面前，以免陷於不必要的爭論之中，同時，也藉此可讓自己將更多時間，花費在喜愛的數學研究上。

在 1643 年至 1654 年間， 費馬與巴黎的科學研究同僚停止了聯繫，一來因為繁重的工作壓力，再者圖盧茲在 1648 年時備受法國投石黨亂 (Fronde) 內戰的影響。還有一個原因，1651 年法國鼠疫爆發，費

馬也受到感染甚至幾乎喪命。在這麼辛苦的一段時間裡，費馬將他寶貴的時間與精力，花費在數論研究上。費馬對數論的興趣，可能來自歐幾里得的《幾何原本》與丟番圖的《數論》，尤其是完全數 (perfect numbers) 的概念。《幾何原本》命題 IX.36 以等比數列的形式呈現這個命題：

> 從 1 開始，以 2 為公比設立等比數列，直到其和為質數，則此和與此數列的最後一項之乘積為完全數。

以現代的符號表示，其意為「如果 2^n-1 是質數，那麼 $2^{n-1}(2^n-1)$ 為完全數」。雖然歐幾里得給出了證明，然而，古希臘的數學家卻只能找出四個這樣的質數，這個問題在於什麼樣的 n 才能使 2^n-1 為質數？n 要是質數嗎？1640 年 6 月，費馬在一封寫給梅森神父的信上，寫下他對尋找這樣的質數有幫助的三個命題：

> 第一個命題：若 n 不是質數，則 2^n-1 不會是質數；
>
> 第二個命題：若 p 是奇質數，則 p 會整除 $2^{p-1}-1$；
>
> 第三個命題：若 p 是奇質數，則 2^p-1 唯一可能的因數具有 $2pk+1$ 的形式。

費馬在這封信中，並沒有留下證明方式的任何線索，僅給出幾個數字例，譬如，通過對形如 $74k+1$ 的數一一檢驗 k 之值，因而發現 $2^{37}-1$ 是一個合數，有一因數為 $223=74\times3+1$。現今，我們將符合 2^n-1 這樣形式的質數稱為梅森質數，以紀念梅森在此類質數上的研究，據猜測，他的方法來源可能來自貝西 (Frenicle de Bessy)。貝西或許是當時與費馬有信件交流的數學家中，唯一對數論有興趣的人，費馬在寫給梅森的那封信數月之後，另外，同年在一封寫給貝西的信件中，敘述一個更為一般化的定理，這個定理就是現在俗稱的費馬小定理 (Fermat's little theorem)：

若 p 為一個質數，對於任意正整數 a，p 會整除 $a^p - a$。

更進一步地，若 p 與 a 互質時，p 會整除 $a^{p-1} - 1$。一如既往的，費馬沒有提供任何證明，不過，上述第二個命題，即是 $a = 2$ 時的一個特例。西元 1736 年，歐拉 (Leohard Euler, 1707–1783) 證明了一個延拓命題（現在名之為歐拉定理）：

若 n, m 為互質整數，則 $n^{\varphi(m)} = 1 + (m$ 的倍數)

其中，$\varphi(m)$ 是小於等於 m 的自然數中與 m 互質的個數，現在被稱為歐拉函數。在 $m = p$ 為質數的情況下，$\varphi(m) = p - 1$，因此，$n^{p-1} = 1 +$（p 的倍數），得證費馬小定理。由於古希臘的艾拉托斯特尼的篩法很費功夫（參考《數之軌跡 I：古代的數學文明》第 3.7.3 節），因此，這個定理在出現之後，一直都是主要的質數判定依據。直到二十一世紀，才總算找到令人滿意的 AKS 演算法。[1]另一方面，1977 年出現的

---

[1] 可參考 Agrawal, Manidra, Neeraj Kayal & Nitin Saxina, "Primes in P", *Annals of Mathematics* 160 (2004): 781–793。所謂 AKS 是指這三位數學家的姓氏之第一字母。

RSA 加密系統中的公鑰密碼 (public key)，也是根據費馬小定理延拓的歐拉定理來設計。❷

費馬在數論研究中唯一詳細寫出的證明方法，稱為無窮遞降法 (method of infinite descent)，他使用這個方法解決了幾個問題，包括「每一個形如 $4k+1$ 的質數都可以寫成兩個平方數的和」，或是「不可能找到一個邊長為整數值的直角三角形，使得其面積為平方數」的問題。無窮遞降法本質上是一種反證法，先假設一個整數具有某種性質，推論可以找到一個更小的正整數也具有此性質，這樣一直遞減下去，得到一個無窮遞減的正整數列，但這是辦不到的，因而得證這個假設的性質不正確。

茲以上述第二個問題為例，簡單說明如下，費馬先假設可以找到畢氏三數組 (x, y, z)，其中 $x=2pq$，$y=p^2-q^2$，p, q 為一奇一偶且互質的正整數，滿足

$$\begin{cases} x^2+y^2=z^2 \\ \frac{1}{2}xy=w^2 \end{cases}$$

由 $w^2=pq(p^2-q^2)$ 可知 p、q、p^2-q^2 皆為平方數，設 $p=d^2, q=f^2$，

---

❷ RSA 加密系統 (cryptosystem) 的主要想法如下：若 x 被加密成為 $y=x^e(\text{mod } n)$ 的資訊，其中 $n=pq$ 為兩個大質數乘積，則藉助於 n 和 e 的公開值，按目前知識能力所及，吾人在未知 p 與 q 的前提下，完全無法解開 x 值。參考 https://en.wikipedia.org/wiki/Fermat%27s_little_theorem；或大栗博司，《用數學的語言看世界》，頁 114 – 119。至於所謂的 RSA，也是代表三位數學家的姓氏之第一字母：Ron Rivest、Adi Shamir 和 Leonard Adleman。

且 d^2、f^2 為一奇一偶，那麼 $p^2-q^2=d^4-f^4=(d^2+f^2)(d^2-f^2)$ 為某一正整數的平方，因此，d^2+f^2 與 d^2-f^2 互質，且皆為平方數，設 $d^2+f^2=g^2$，$d^2-f^2=h^2$，則 $2f^2=g^2-h^2=(g+h)(g-h)$，因為 g 與 h 互質且皆為奇數，因此 $g+h$ 與 $g-h$ 皆為偶數且除了 2 之外沒有其他公因數。設 $g+h=2m^2, g-h=n^2$，其中 m 是奇數且 n 是偶數，則 $g=m^2+\dfrac{n^2}{2}$，$h=m^2-\dfrac{n^2}{2}$，可得 $d^2=\dfrac{g^2+h^2}{2}=(m^2)^2+(\dfrac{n^2}{2})^2$，就是說，可得另一斜邊 (d) 較小的直角三角形，面積為 $\dfrac{1}{2}\times m^2\times\dfrac{n^2}{2}=\dfrac{m^2n^2}{4}$ 是個平方數，因此，由無窮遞降法原理可知，找不到使得面積為平方數的整數邊長直角三角形。

費馬在 1656 年開始與惠更斯 (Huygens) 通信，嘗試將惠更斯拉入數論的研究領域中，不過，惠更斯對這個領域實在沒什麼興趣。儘管如此，費馬還是將他對數論的研究論文〈數論發現的新詮釋〉(*New Account of Discoveries in the Science of Numbers*) 在 1659 年透過友人寄給惠更斯，並在這封信中給出更多數論方面的新方法，其中之一就是無窮遞降法。費馬在這一封信中描述了他的無窮遞降法，並舉「每一個形如 $4k+1$ 的質數都可以寫成兩個平方數的和」為例，指出它可以運用此法來證明。然而，他在信中並沒有解釋如何由較大的正整數，造出下一個較小的數，再一次地因為費馬不願揭露他的方法，而使得其他數學家失去對此主題的興趣。這個問題要直到十八世紀的歐拉才得以補上建構的步驟。

費馬在數論研究上最重要的一個定理，是以一種註記的形式，出現丟番圖的《數論》譯本中。在文藝復興時期翻譯的眾多古希臘典籍之中，費馬所看的《數論》是貝切特 (C. G. Bachet) 在 1621 年出版的拉丁文譯本。這本古希臘經典著作共 13 卷，然而，在當時僅發現不超過 6 卷的內容，直到 1971 年，才在現今伊朗的馬什哈德 (Mashhad) 的 Astan Quds Razavi 中央圖書館內發現遺失的其中四卷，原來是圖書館員不認得內容，而將此書歸於其阿拉伯文翻譯者古斯塔・伊本・盧卡 (Qusta ibn Luqa, 820–912) 的名下目錄中。費馬在研究這本問題集的第 2 卷時，看到了許多關於畢氏定理與畢氏三數組的問題與解法，並在靠近命題 8「將一個給定的平方數分成兩個平方數之和」的頁邊空白處，加上如下的註記：

> 把一個數的立方分成另兩個數的立方和；或者把一個數的 4 次方分成另兩個數 4 次方的和；或者，更一般地，把一個數的高於 2 的任何次方分成兩個數的同次方的和，是不可能的。

接著，費馬以他一貫的風格，在這個邊註的後面，又加上一條評註：

> 我有一個對這個命題的十分美妙的證明，然而，這裡空白太狹小而無法容納。

費馬的這些附註還是藉由他兒子之手，才得以讓世人知曉。1670 年，他的長子山繆 (Samuel) 在圖盧茲出版了附有費馬評註的丟番圖《數論》版本，亦即在貝切特的拉丁文譯本中，加入費馬的 48 個評註。

費馬邊註的這個命題被稱為費馬最後定理 (Fermat's Last Theorem)，其一般形式如下：

若 $n \geq 3$，則 $x^n + y^n = z^n$ 沒有非無聊的 (non-trivial) 整數解。

到底費馬是不是真的已有證明?他的證明正確嗎?這個命題是否為真?怎麼證？這些問題持續困擾數學家長達三百多年。這段期間許多數學家為了解決這個命題所做的努力，都讓數學知識的寶庫愈加豐富。直到 1993 年，英國數學家安德魯・懷爾斯 (Andrew Wiles) 聲稱已證明費馬最後定理，雖然稍後被發現證明過程有瑕疵，最終他還是在 1994 年彌補此一缺陷，而完美地攻下這座大山。後來，他接受英國 BBC 專訪時指出：他的方法完全是二十世紀的產物，因此，他相信費馬有可能誤認自己給出了證明。

Arithmeticorum Liber II. 61

IN QVAESTIONEM VII.

QVÆSTIO VIII.

OBSERVATIO DOMINI PETRI DE FERMAT.

Cubum autem in duos cubos, aut quadratoquadratum in duos quadratoquadratos & generaliter nullam in infinitum ultra quadratum potestatem in duos eiusdem nominis fas est dividere cuius rei demonstrationem mirabilem sane detexi. Hanc marginis exiguitas non caperet.

QVÆSTIO IX.

圖 3.1：1670 年附有費馬評註的《數論》版本，
費馬在此頁寫上他的最後定理註記

回顧費馬對數論的研究成果，在那個時代的法國數學家的交際圈中並不受重視，也沒引起太多的注目與興趣，究其原因，可能是費馬不願公開作法與證法，畢竟沒有太多數學家願意在面對一個新領域時，

忍受來自另一位數學家的挑戰與嘲笑吧。平心而論，費馬的邊註中所表現的自信，可能出自他曾證明 $n=4$ 的情況。他也試圖證明 $n=3$ 的情況，可惜功敗垂成，最後由歐拉接棒完成證明。[3]

3.2 古典機率

西元 1652 年前後，法國貴族迪・默勒爵士 (Chevalier de Méré, 1607–1684) 寫信給巴斯卡，提出了兩個問題：

- 骰子問題 (Problem of Dice)：兩枚骰子要擲多少次才能使出現兩個 6 點的機率不小於 50%？
- 點數問題 (Problem of Points)：在賭博被打斷時如何公正地分配賭注。

這兩個問題其實早在迪・默勒提出之前已經流行多年，也有其他數學家考慮過這兩個問題的解法。關於（第二個）點數問題的正確解決方式，出現在巴斯卡與費馬往返的書信之中，這些書信刺激與形成了機率論早期的概念發展。而（第一個）骰子問題的解答，則讓機率理論更加完善。下面我們先針對點數問題，來檢視解決這個問題所需考慮的觀念，還有巴斯卡與費馬的解決之道，以及它們跟機率理論發展的關聯性。

---

[3] 參考洪萬生，〈數學女孩：FLT(4) 與 1986 年風景〉，或結城浩，《數學女孩：費馬最後定理》。

點數問題在現行的高中課程中一般稱為賭金分配問題，因為問題內容牽涉到如何公平地分配賭金。其問題情境可以假設如下，以巴斯卡的數據為例：

> 每人各出 32 個金幣為賭注，約定先贏 3 分者勝，若第一人已先得 2 分，第二人得 1 分的時候比賽中斷無法繼續，應如何分配賭注才公平？

當然，這個問題是在每一次誰勝誰負的機會都均等的條件下來進行討論。在巴斯卡與費馬之前，也曾有不同的數學家討論過點數問題。義大利的帕喬利在他著名的《算術、幾何及比例性質之大全》（簡稱《大全》）中，也曾提到類似的問題：兩個人在進行一場公平的賭博，賭局在一個人贏得 6 局之後分出勝負，這場賭博實際在一個人贏得 5 局，另一個人贏得 3 局時中斷，帕喬利認為賭注應該按照 5：3 的比例分配。塔爾塔利亞則認為這個答案一定是錯的，因為按照帕喬利的想法，若比賽在一人贏得一局，另一人 0 局時中斷，那麼，贏 1 局的人將可得到所有賭注，這明顯是不合理的。不過，塔爾塔利亞也沒什麼有把握的解法，他只能強辯說：「這樣一個問題的解決是符合法律而非數學，所以，無論怎樣分配都有理由上訴。」

在迪・默勒向巴斯卡提出問題之後，巴斯卡將這個問題告訴費馬。從巴斯卡的回信中，吾人可以知道費馬所使用的方法，就如同我們現今常用的樹狀圖。巴斯卡在回信中解釋費馬的作法，將所有的情況列出後，以在最後所有的結果中各所占的比例來分配賭注。例如，在共 5 分的比賽中，得 3 分者勝利，已知 A 先得 1 分，B 得 0 分的情形下，若以 a 代表 A 得分，b 代表 B 得分，所有結果以表列如下：

表 3.1

a	a	a	a	a	a	a	a	b	b	b	b	b	b	b	b
a	a	a	a	b	b	b	b	a	a	a	a	b	b	b	b
a	a	b	b	a	a	b	b	a	a	b	b	a	a	b	b
a	b	a	b	a	b	a	b	a	b	a	b	a	b	a	b
1	1	1	1	1	1	1	2	1	1	1	2	1	2	2	2

其中 1 代表 A 最後獲勝的情形，2 代表 B 獲勝，所有一共 16 種的結果中，A 獲勝占 11 種，B 占 5 種，因此，賭金應以 11 : 5 來分配。

巴斯卡認為費馬這種解法過於複雜，尤其是當參與賭博的人數超過 2 人時，處理起來更是棘手。他認為他的解法更一般化，更易推廣。巴斯卡解法的核心策略就是遞迴 (recursion)，在定好基本的分配之後，其他情形只要討論到基本形式即可利用。例如在上述的情境中，共 5 分的比賽中得 3 分者勝，在 1 人得 3 分之前的情形有下列幾種：

(1)若兩人中 A 已得 2 分，另一人 B 得 1 分

擲下一次時，若 A 贏，得全部 64 枚金幣；若 B 贏，他們的比為 2：2 平手，在這種情形下，每人將拿回 32 枚金幣。因此在 2：1 的情形下若不繼續玩下去，A 至少得能 32 枚金幣，剩下的 32 枚 A 或 B 得到的機會均等，因此各拿 32 的一半 16 枚，故 A 可得 32 + 16 = 48 枚金幣，B 可得 16 枚。

(2)若 A 已得 2 分，B 得 0 分

下一回若 A 贏了，可得 64 枚金幣；若 B 贏了，比數為 2：1，則回到前一種情況，根據(1)，此時 A 得 48 枚金幣。因

此在 2：0 的情形下，A 至少可得 48 枚金幣，剩下的 16 枚 A 或 B 得到的機會均等，再均分此 16 枚金幣，因此，A 可得 48 + 8 = 56 枚，B 得 8 枚金幣。

(3)若 A 得 1 分，B 得 0 分

此時如果他們再擲一次而 A 贏了，比數將為 2：0，根據(2)，A 可得 56 枚金幣，B 得 8 枚金幣；若 A 輸了，比數將為 1：1 平手，A 可得 32 枚金幣，因此 A 至少可得 32 枚金幣，再把 56 枚去掉 32 枚之後剩餘的部分拿來均分，每人再可得 12 枚，因此 A 可得 32 + 12 = 44 枚金幣，B 可得 8 + 12 = 20 枚。（A、B 賭注分配比為 11：5，跟費馬的解答是一樣的。）

巴斯卡為了研究這個問題的通解，進一步撰寫《論算術三角》(*Treatise on the Arithmetical Triangle*)，在這篇論文中，他應用這個算術三角形，或是我們所稱的巴斯卡三角形，得到這個問題的一般解法：

假設第一人缺 r 分後獲勝，第二人缺 s 分後獲勝，r, s 不小於 1，如果整場比賽就此停止，賭注的分配應是第一人得到全部賭金的比例為 $(\sum_{k=0}^{s-1} C_k^n) : 2^n$，此時 $n = r + s - 1$，為剩餘局數的最大值。

直言之，巴斯卡認為他們獲勝的機率，可以用二項展開式的係數加以說明，亦即在 $(a+b)^n$ 中，以 a 代表第一人獲得一局，b 代表第二人獲得一局的情形，則在展開式

$$(a+b)^n = C_0^n a^n + C_1^n a^{n-1}b + C_2^n a^{n-2}b^2 + \cdots + C_{s-1}^n a^{n-s+1}b^{s-1} + \cdots + C_n^n b^n$$

第一項代表第一人（設為 A）贏得後面剩下的 n 分的機會數，第二項代表 A 贏得後面 $n-1$ 分的機會數，以此類推，第 s 項即為 A 贏得 $n-s+1=r$ 分的機會數，於是，在全部共有 $C_0^n + C_1^n + C_2^n + \cdots + C_n^n = 2^n$ 的結果中，A 最後贏得比賽共有 $C_0^n + C_1^n + \cdots + C_{s-1}^n$ 種可能，因此，A 分配所得的賭注與全部賭注的比應為 $(\sum_{k=0}^{s-1} C_k^n) : 2^n$。

巴斯卡在《論算術三角》中，以數學歸納法的形式，證明了這個定理，到此算是徹底解決了迪・默勒的點數問題。順便提及，這個插曲也見證他將此一三角形視為一個數學「物件」(entity) 來研究，其目的全在於點數問題之解決，而非解代數方程或垛積求和（中算史的案例，請參考《數之軌跡 II：數學的交流與轉化》第 4.3 節）。

不過，早在迪・默勒玩骰子的一百年前，義大利數學家卡丹諾即已出版《論機會遊戲》(*Liber de Ludo Aleae*)，[4]試圖「駕馭」運氣，成為「**成功的賭徒**」。[5]該書出版於迪・默勒問題被巴斯卡與費馬解決九年後，因此，對於相關研究顯然沒有什麼影響，不過，卡丹諾倒是提出一個類似於今日我們所稱的大數法則。在機會均等的條件下，此一法則可用以確認我們的常識（判斷）：

如果一遊戲（或者其他實驗）有 n 次發生機會均等的結果，

---

[4] 他與塔爾塔利亞對於三次方程式的優先權之爭，請參考第 1.11 節。

[5] 根據卡丹諾的自傳，他一生好賭成性。參考 Kline，《數學史》上冊，頁 238。

> 且它被重複進行了很多次，則每種結果實際上發生的真實次數將會趨近於 $\frac{1}{n}$。玩的次數越多，結果將會越貼近這個比率。[6]

這個近似大數法則的想法，後來雅各・白努利 (Jacob Bernoulli, 1655–1705) 與棣美弗進一步「落實」，我們將在本節最後再略加說明。現在，我們要回到賭金分配主題上。

茲考慮如下問題：「A、B 兩人每人各出 32 個金幣為賭注，約定 5 局中先贏 3 分者勝，若 A 已先得 1 分，B 得 0 分的時候比賽中斷無法繼續，應如何分配賭注才公平？」在剩下的所有共 $2^4 = 16$ 種的結果中，A 獲勝共有 $C_0^4 + C_1^4 + C_2^4 = 11$ 種情況，因此，A 應獲得全部賭金的比例為 11 ： 16 來分配，也就是說，A 獲得賭金的**「期望值」**為 $(\frac{11}{16}) \times 64 = 44$ 個金幣。巴斯卡這種以某種形式來計算一個特定事件之價值的概念，成為後續數學家研究機率論的基礎。

西元 1655 年，荷蘭數學家惠更斯第一次造訪巴黎。在這趟旅程中，他讀到了巴斯卡與費馬兩人有關機率方面的討論與作品，開始對機率產生興趣，並於 1657 年出版《論機會遊戲之計算》(*De Ratiociniis in aleae ludo*)，成為西方學者有系統地論述機率這個主題的第一本出版著作。

《論機會遊戲之計算》輕薄短小，僅有 14 個命題與 5 個給讀者的練習題，其命題中包含了對迪・默勒兩個問題的解法及其背後理論的詳細說明。他把巴斯卡與費馬的想法綜合起來，並延伸到 3 人或更多

---

[6] 引柏林霍夫、辜維亞，《溫柔數學史》，頁 194。

玩家的情形。惠更斯的策略進路雖然也是從每個結果「出現機會均等」的概念出發，不過，他的核心工具不是我們現在有的機率概念，而是「**預期結果**」(「期望值」) 的想法。他在計算像賭博這種牽涉到機率的遊戲時，正式提出期望值的概念：

> 雖然在一個純粹的機會遊戲中，結果是不確定的，但是一位玩家贏或輸的機會，取決於一個特定的值。

用現代的術語來說，這個特定的值就是期望值，也就是，一個人如果進行許多次賭博遊戲，他可以贏得的平均賭金。

惠更斯在這本書的第一命題就是：「能以相等機會贏得 a 或 b 的量對我的價值就是 $\frac{a+b}{2}$。」下面以現代術語解釋他對這個命題的證明。因為機會均等，如果第一人贏，他得到 a，如果對手贏，他得到 b，而博弈要公平，因此這個機會的「價值」就是 $\frac{1}{2}\times a+\frac{1}{2}\times b=\frac{a+b}{2}$。惠更斯在第 3 命題中將這個概念推廣到一般情形：「有 p 次機會贏得 a，有 q 次機會贏得 b，機會都是同樣的，對我的價值是 $\frac{pa+qb}{p+q}$。」也就是說，在總共玩了 $p+q$ 次的情形下，贏得 a 的機率為 $\frac{p}{p+q}$，贏得 b 的機率為 $\frac{q}{p+q}$，因此，期望值為 $\frac{p}{p+q}\times a+\frac{q}{p+q}\times b=\frac{pa+qb}{p+q}$。在證明時，惠更斯透過類比，將此問題類比於 $p+q$ 個人排成一個圓圈參與這個博弈遊戲，每個人投入相同的賭金 x，並且每人獲勝的機會相等。如果一個確定的玩家獲勝，他將全部賭金分給左邊的 $q-1$ 人每人 b，右邊的 p 人每人 a，剩下的自己保留，因為自己保留的餘額

要等於 b，即 $(p+q)x-(q-1)b-pa=b$，因此，$x=\dfrac{pa+qb}{p+q}$，亦即這個機會的「價值」為 $\dfrac{pa+qb}{p+q}$。

惠更斯的著作有一項基本信念屹立不搖，他認為每個公平博弈的玩家只願意拿出經過計算的公平賭金，也就是期望值來冒險，而不願意出更多的賭金。不過，每個人願意為一個賭博的機會付出多少代價並不一定，例如，購買樂透獎，很多人雖然明知中獎的期望值，遠遠低於購買一張彩券的價錢，他們還是交易了，為的就是中頭彩的那點微乎其微的期望。

現在回來討論迪・默勒的第一個問題：「兩枚骰子要擲多少次，才能使出現兩個 6 點的機率不小於 50%？」這個問題將機率論研究的焦點轉向「試驗次數」。惠更斯針對這個問題，曾分析並給出比起巴斯卡更一般的解法。他將問題轉換成以期望值的概念來回答，亦即「兩枚骰子要擲多少次，才能使一個人在那麼多次投擲中，出現兩個 6 點時可以贏得 a 而願意出 $\frac{1}{2}a$？」接著，他計算了分別投擲 1 次、2 次、4 次、8 次、16 次、24 次與 25 次，結果表明到 24 次時，玩家賭 $\frac{1}{2}a$ 稍微不利，而投擲 25 次時，玩家又占了便宜，亦即，投擲的次數至少要 25 次，才能使兩枚骰子都出現 6 點的機率超過 $\frac{1}{2}$。惠更斯的這本著作一直到十八世紀初期，都是「**機率論**」的唯一入門教材。

西元 1713 年，雅各・白努利去世八年後，[7]他的《猜度術》(*Ars Conjectandi*) 終於出版 。以有關機會的計算 (calculus of chance) 為進

[7] 有關白努利家族的故事，請參看《數之軌跡 IV：再度邁向顛峰的數學》第 1.2 節。

路，對惠更斯的研究成果進行延拓，白努利在該書的第一部分，對惠更斯的《論機會遊戲之計算》進行深入的注解與補充。[8]在該書第二部分，他則是對多位學者有關排列與組合的研究貢獻進行檢視。在此關聯中，他本質上利用巴斯卡三角導出後來以他為名的白努利數 (Bernoulli numbers)，並且運用數學歸納法，給出正整數指數的二項式定理的第一個令人滿意的證明。在該書第三部分，他應用從這些理論所獲得的技巧，求解二十四個常見的機會博弈中有關獲利期望值的例子，而且這些都涉及條件機率。在該書的第四部分，白努利則是根據前三部分的技巧而應用到一些「**民間、倫理以及經濟的問題**」上，同時，他也引進後來由卜瓦松 (Poisson) 命名的（弱）大數法則 (weak law of large numbers)：

> 在可重複的試驗中，如果某個「我們希望產生的」結果理論上發生的機率是 p，那麼，在任意給定誤差範圍內，只要試驗次數夠多，希望產生的結果總數與試驗總數的比值和 p 的差距，就會落在給定範圍內。[9]

這是機率論的第一個與極限相關的定理。「按這個法則來看，觀測的數據能用來估計現實世界情況的事件機率。」不過，究竟需要多少

---

[8] 白努利不像惠更斯強調期望值，而比較重視他所謂的機率，亦即確定性程度之度量 (measuring degree of certainty)。

[9] 根據柏林霍夫、辜維亞，《溫柔數學史》頁 196 改寫。另外，也可參考黃文璋的版本：「獨立且重複地觀測一發生機率為 p 之事件 A，當觀測次數趨近至 ∞，事件發生之相對頻率接近 p 之機率，將趨近 1。」
https://highscope.ch.ntu.edu.tw/wordpress/?p=39588。

觀測記錄才足夠達成目標？這是白努利企圖解決的問題。顯然，這個次數 (frequency) 恐怕大到令人崩潰的程度。或許正因為如此，所以，他生前並未積極安排《猜度術》的出版。無論如何，白努利面對知識確定性的「**程度**」問題，的確是革命性的創舉，這或許可以連結到他的世界觀。他認為大自然與人類生命本質上並非是統計性質的，因為上帝確定知道它們的未來。只有在一些相當少的現象中，吾人才可以計算一個現象的所有可能情況。然而，儘管一般來說，吾人無法窮盡所有計算，且獲得絕對的確定性，我們還是可以逼近理想的機率。一大堆重複的試驗與觀察對於我們建立哪一個模式或規律，是必要且關鍵的。[10]

白努利的弱大數法則固然有其理論趣味，但是，實用上卻很難操作。因此，他所引發的一個「相反」問題之答案，或許更有實用意義：給定特定數量的觀察，你能計算出它們落在指定的真正值範圍的機率嗎？第一個研究這個問題的數學家，就是負責張羅出版《猜度術》的尼古拉（二世），他是雅各的侄子。不過，他並未真正解決此一問題，但其想法卻由棣美弗延續下來。棣美弗是法國新教徒，由於天主教的迫害，遂亡走英國倫敦，在那裡開始學數學，相當精通牛頓的微積分，因此與牛頓和哈雷 (Halley) 頗相交好，[11]但儘管他被推選為英國皇家學會院士，也應邀進入牛頓－萊布尼茲微積分優先權論戰的仲裁委員會（由皇家學會組成），然而，就是找不到大學教職，只能擔任數學家教 (tutor) 以及保險公司顧問來餬口。他的成就除了機率論之外，還包括複數的極式之棣美弗公式，以及階乘數 (factorial) 的近似公式

---

[10] 引 Calinger, *A Contextual History of Mathematics*, p. 651。

[11] 哈雷發現以他為名的彗星。

$n! \approx cn^{n+\frac{1}{2}}e^{-n}$。後來，蘇格蘭數學家史特林 (James Stirling, 1692–1770) 證明 $c=\sqrt{2\pi}$，目前數學分析學教科書都稱此公式為史特林公式，未提及棣美弗，同時也未提及此公式出現的脈絡是機率論。[12]

西元 1733 年，棣美弗在《有關機會的學說》(*The Doctrine of Chance*) 第二版中，利用微積分與機率方法，證明了一大堆隨機觀察分布在它們本身平均值附近的傾向。這個結果目前被稱作**常態分布 (normal distribution)**，至於其坐標平面表徵，則會以縱軸左右對稱的鐘形曲線呈現。在八十年後，高斯也在整理大地與天文測量資料時，重新發現了鐘形曲線。他也注意到在測量結果的鐘形曲線上，一個特別的觀測數值愈接近平均數時，這個數值正確的機率就愈高。總之，由巴斯卡、費馬、惠更斯、白努利家族、以及棣美弗等其他數學家所發展出來的機率方法，這時終於可以從賭桌轉移到日常生活的其他領域上了。高斯顯然是這個轉換的見證者，我們將在第 3.6 節再回到這個主題。[13]

本節開宗明義所呈現的兩個簡單問題，居然可以成就了古典機率理論的完整發展，這應該是迪．默勒提出問題時所料想不到的吧。

坐標幾何

在坐標（或解析）幾何發明之前，幾何與代數這兩個分支，各自接受數學家與科學家們不同的關懷與挹注，彼此不相干地發展，也在數學中建立了迥異的地位。幾何從希臘時期以來，就極受重視，它是

---

[12] 參考 Calinger, *A Contextual History of Mathematics*, p. 653。

[13] 參考德福林，《數學的語言》，頁 367–369。

古典四學科之一，是「數學」這一科目的代名詞。而代數一開始即被認為是一種技術 (art)，也就是實用算術，在古典希臘時期是奴隸們學習的技術。

代數這種「技藝」的形象與地位一直延續到文藝復興之後，譬如，前述十六世紀代數學經典如卡丹諾的《大技術》(*Ars magna/The Great Art*, 1545)，或韋達的《解析技術引論》(*In Artem Analyticem Isagoge/Introduction to Analytic Art*, 1591)，都還免不了在書名上強調 "art"，儘管都加上了「**美好的**」形容詞 "great" 及 "analytic" 等等。事實上，無論卡丹諾或韋達，在他們的想法中，幾何學仍舊是學習數學的主體。

到了十七世紀，幾何與代數這兩個分支，在笛卡兒與費馬發明解析幾何之後，終於結合在一起。尤有甚者，在微積分發明之後，代數這一數學分支更是後來居上，一躍而成為十八世紀數學的主角。我們可以說數學與科學的發展，從十七世紀的費馬與笛卡兒開始，進入了完全不同的另一種風貌。接下來，我們就分別來看看笛卡兒與費馬是在什麼樣的脈絡下，發明出坐標幾何系統。

笛卡兒與《幾何學》

笛卡兒出生不久，母親即因肺炎去世，笛卡兒亦生命垂危，經過悉心照顧之後方才起死回生，所以，小時候至青少年時身體健康一直不佳。八歲時，父親送他至一所由耶穌會神父所創辦的有名公學就讀，接受士林（或經院 scholastic）哲學的教育方式。然而，當時由於各種科學問題的產生，實驗科學的崛起，亞里斯多德的物理學觀點普遍被新的事實所否定，笛卡兒就因此常質疑學校所教的知識，而「**常處於非常多的疑團與錯誤的困擾之中**」。在伴隨著沉思與頓悟的幾年軍旅生涯與旅行之後，他於 1629 年告訴他學生時代的摯友梅森神父，他準備寫一篇宇宙論，預計三年內寫完。

當西元 1633 年他完工正要付印時，卻傳來伽利略因《關於兩大體系的對話》讚擁哥白尼日心說（或地動說），而受到教會譴責的消息，於是，他立刻取消出版計畫。他說：「地動說與我的論著關係異常密切，我真不知該如何將這理論從我的論著中刪去，而仍使其他部分依然成立，不致淪落為一堆殘缺不全的廢紙。」雖然如此，笛卡兒的各方好友仍希望看看他的新發現，於是，笛卡兒謹慎地將宇宙論的主要部分整理出來，分別寫成三篇文章：《光線屈折學》（*La dioptrique*，有關折射定律）、《氣象學》（*Les météores*，包含有關彩虹的定量解釋），以及《幾何學》(*La géométrie*)，再加上一篇序文，即大家所熟悉的《方法論》，[14]於 1637 年在荷蘭的萊頓 (Lyden) 出版，雖然當時沒有刊出作者的姓名，不過，大家心照不宣。

笛卡兒的哲學來自於數學推理的啟發，他也不時以數學上的例子，來佐證他自己的說詞。他在《方法論》還提到：

> 我喜歡數學，因為它的推理正確而明顯，但是，我還沒看到它真正的被人應用。……它的基礎如此穩固堅實，竟沒人想到在其上建造起更高的建築。

或許因為如此，在笛卡兒指導理性的原則性「哲學」方法中，也確實以數學為「經絡」，建立起他的「**知識大樹**」。笛卡兒認為邏輯 (logic)

---

[14] 英文版標題為 *Discourse on the Method of Rightly Conducting One's Reason and of Seeking Truth in the Sciences*。

和在數學中的幾何解析方法 (geometrical analysis) 與代數學這三種技藝 (arts) 或科學對他的計畫將會有所幫助，不過也都有其缺點，因此，他要找出一套方法，結合三者的優點，而沒有它們的缺陷。

首先，笛卡兒在《方法論》中列出四條規則，這四條規則我們已在第 1.12 節陳述過，在此不再複述。笛卡兒認為將解析與綜合這兩種方法融合在一起使用，才能以一般性的方法解決幾何問題，而不侷限於圖形之中。在《方法論》列出這四條規則之後，他「觀察以前在科學上探求真理的學者，唯有數學家能找出一些確實而自明的證明」。而數學上的各種問題所處理的對象雖然不同（例如數字、大小、數字化的物理、音韻等等），然而，為了更容易個別觀察它們起見，

> 我應當假定它們是在線的形式 (in the form of lines) 存在，因為我找不到一件比它更簡單之物，它們顯現給我的想像和感官，也沒有比它更清晰的對象。但是，為了記住它們，或同時記取好幾個起見，我必須以一些確定的式子的意義來解釋，越短越好。為了這個目的，我應當擷取幾何分析與代數中的全部精華，用以矯正彼此的一切缺陷。

所以，在笛卡兒的《幾何學》中，總是以「線」（邊長）來假設未知數。之後，笛卡兒接著說：「事實上，嚴格遵守我選擇的這幾條規則，我敢說要解決這二學科範圍內的一切問題已綽綽有餘。」笛卡兒將解析與綜合的應用，利用在《方法論》中提出的方法與規則寫成《幾何學》，向讀者宣示：他不只是空談而已，他的方法與規則確實有效。接下來，就讓我們來看看《幾何學》中的內容。

笛卡兒在《幾何學》中提出的方法，想要將幾何與代數方法合而

為一，就必須要達成下列兩方面的目標：

⑴通過代數的過程（步驟），將幾何從圖形的限制之中釋放出來；
⑵經由幾何的解釋，賦予代數運算之意義。

因此，在《幾何學》（共三卷）卷一「只要求直線與圓的作圖問題」的第一個句子之中，立即表明了他所使用的策略：

> 幾何上的任何問題，都能容易地化約成一些術語來表示，這些術語為有關已確定線段的長度的知識，而這些知識即足夠完成它的作圖。

換句話說，就是將幾何問題中所要求的「**量**」，用未知數來表示，並將幾何圖形中的許多已知量，也用數字來表示。然後，將這些數與未知數之間的關係表示出來，即以代數方程式的方法來表示。最後，運用作圖方法作出方程式的解，即為所求。

他在第一卷的開始，就告訴讀者如何用作圖的方式，表徵代數的基本運算，即加、減、乘、除與開平方根的結果。接下來，笛卡兒用「**線段長度**」來代表未知數與係數，並將每項利用 1 的次方做調整來打破齊次律的限制。笛卡兒在本卷中，提到解決幾何問題的一般性方法，這即是我們現今熟悉的解析幾何的方法：將所求的未知數假設出來，當成已知來對待，由題意列方程式，再解方程式，最後「解釋、說明」代數解的幾何作圖。笛卡兒舉了一個例子，說明一個一元二次方程式的解如何以圖形作出來 （見圖 3.2）。如果最後的關係式為

$z^2=az+b^2$，則作一直角三角形 NLM，使得 $\overline{LM}=b$，$\overline{LN}=\frac{1}{2}a$。延長斜邊至 O，使得 $\overline{NO}=\overline{NL}$。以 N 為圓心，$\overline{NO}$ 為半徑作一圓，則 $\overline{OM}$ 為所求的 z 值。因為 $z=\frac{1}{2}a+\sqrt{\frac{1}{4}a^2+b^2}$。若方程式為 $y^2=-ay+b$，則 $\overline{PM}=y=-\frac{1}{2}a+\sqrt{\frac{1}{4}a^2+b^2}$。

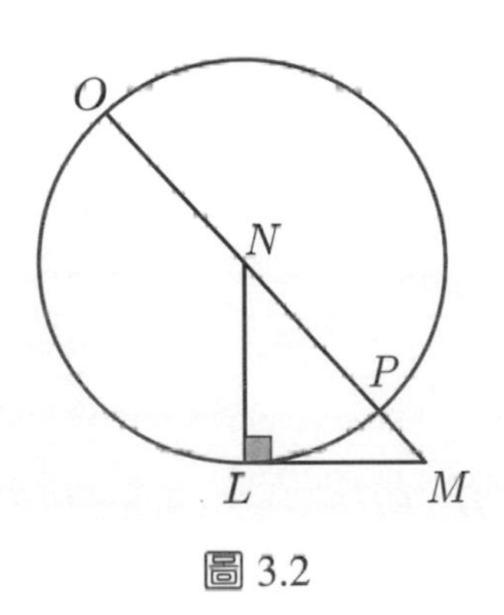

圖 3.2

笛卡兒在本卷曾寫道：「通常並不需要在紙上畫出這些線段，只需要用字母標出這些線段即可。」所以，$a+b$ 代表兩個線段相加，$a-b$ 代表相減，而不必一一實際畫出。換句話說，只要我們知道哪些運算在幾何作圖上是可行的，就可只進行代數運算，並把解求出即可。

接下來，笛卡兒必須解決牽涉到二個或更多變數，或是解有無限多時的問題。在卷一的最後，笛卡兒從阿波羅尼斯的四線問題，引入我們現今所熟悉的坐標系統。這個問題及其附圖（圖 3.3）如下：

給定四條直線，要求 C 點，使得從 C 點以一定角度 θ 分別引

> 到四條直線的這四條線段中，其中兩條線段的乘積與另兩條線段的乘積成一定的比值。

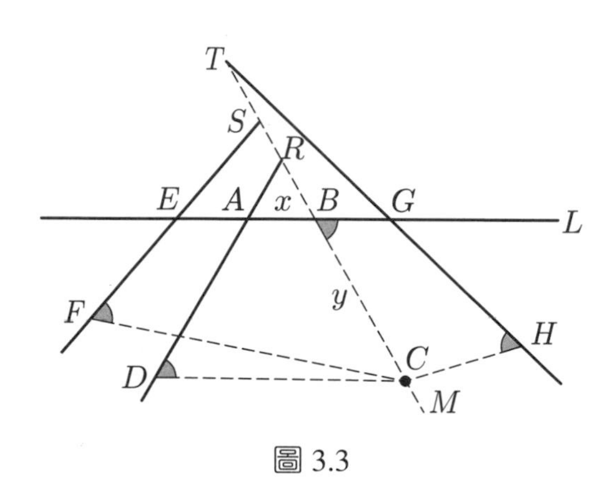

圖 3.3

如圖 3.3，$\overline{CD}$、$\overline{CF}$、$\overline{CB}$、$\overline{CH}$ 為所引的四個線段，這個問題在於找出 C 點的位置：

> 首先，我假設已經得出結果，因為太多的線會混淆，所以我只簡單地考慮所給定直線中的一條及所畫線段中的一條（例如 AB 與 BC）為主線 (the principal lines)，由此我能夠來指涉所有其他的線段。

他發現在圖形中可以將所有的線段長度以 x、y 的線性組合來表示，其中 x 為 AB 在直線 L 上的長度，y 為所求線段 BC 的長度。換句話說，即以直線 L 及 M 為坐標軸，B 為原點，θ 為兩坐標軸的夾角所成的坐標系，所求 C 點的軌跡即為包含二個變量的二次方程式。那麼，

又該如何作出所有 C 點所成的軌跡呢？

《幾何學》的主要目標在於幾何問題解的作圖，然則什麼樣的條件是可以「幾何作圖」的？亦即什麼樣的作圖方式是可以接受為「幾何作圖」的，就必須先釐清。在古希臘尺規作圖的限制下，許多三次以上方程式，或是二個變數的方程式，是沒辦法作圖的，所以，笛卡兒在卷二〈論曲線的本質〉(*On the nature of curved lines*) 中加上了這麼一條「**公設**」，使得許多機械作圖成為可能：

> 兩條或兩條以上的直線可以以一條在另一條上面移動，並由它們的交點決定出其他曲線。

加上這一公設之後，我們可以造出許多可行的機械作圖工具，使得某些曲線，像是圓錐曲線的作圖成為可能，笛卡兒在《幾何學》中也實際給出了機械作圖做出雙曲線的例子，圖 3.4 是以 GeoGebra 軟體模擬笛卡兒的機械裝置畫出的曲線，可以看出為一雙曲線：

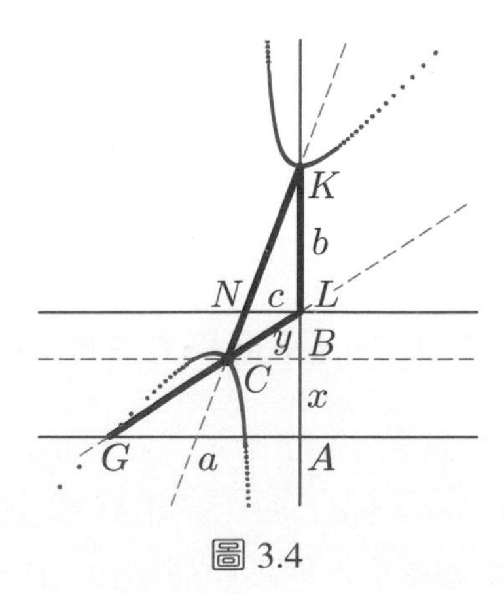

圖 3.4

其中粗黑線即為此機械裝置，NL 垂直 LK，在 LK 的延長線上取一點 A，並由 A 做一直線 AG 垂直於 AK，G 點固定在直線 AG 上。讓點 L 沿著 AK 移動，C 點畫出的軌跡即為雙曲線的一支。在此，笛卡兒同樣以兩條直線 (AG、AK) 為參照，令 $CB=y$，$AB=x$，利用相似形的關係可得 x、y 滿足下列方程式：

$$\frac{ab}{c}y - ab = xy + \frac{b}{c}y^2 - by$$

以笛卡兒對於古希臘圓錐曲線理論以及阿波羅尼斯《錐線論》的了解程度，他直接斷定這樣的方程式所對應的軌跡為雙曲線。在其中，我們同樣又可看出笛卡兒對坐標系統的用法，不過，讀者到此應該可看出它與現代習慣稱為笛卡兒坐標系 (Cartesian coordinate system) 不同，笛卡兒的坐標軸（兩條參照的主線）不一定要垂直，且 x 與 y 的位置與現在的用法剛好相反。

對笛卡兒而言，他的主要目標在於解決幾何問題，他只是利用代數方程式的幫助，找出幾何問題解的點相對於主線（也就是坐標軸）的位置，目的還是要用幾何作圖作出此解。巧合的是，同時代另一位法國數學家費馬，從不同的角度看待幾何問題轉換的關係式，也同樣引入了坐標系統。

費馬與《平面與立體軌跡引論》

西元 1637 年，當費馬將他的《平面與立體軌跡引論》(*Introduction to Plane and Solid Loci*)，寄給當時負責在數學家之間接受與傳播訊息的梅森神父時，笛卡兒正在為他的《方法論》進行校對。

費馬早在 1629 年時就已完成《平面與立體軌跡引論》，但此書一直到 1679 年才得以出版。在本書中一開始，他定義了什麼叫做曲線軌跡：

> 只要最後的方程式出現兩個未知量，我們就有一條軌跡，這兩個未知量之一的一端描繪出一條直線或曲線。

接下來，他說「為了有助於建立方程式的概念」，可以這樣作：

> 使得兩個未知量形成一個角度，通常我們假設成直角，得出位置並決定出未知量之一的端點。

最後的方程式如何出現兩個量呢？我們以本書中的例子來解釋。如下圖 3.5，I 為直線 NT 上的一點，NM 是一條固定的直線，直線上的點 I 可以用未知量 NZ $(= A)$ 與未知量 ZI $(= E)$ 來表示。

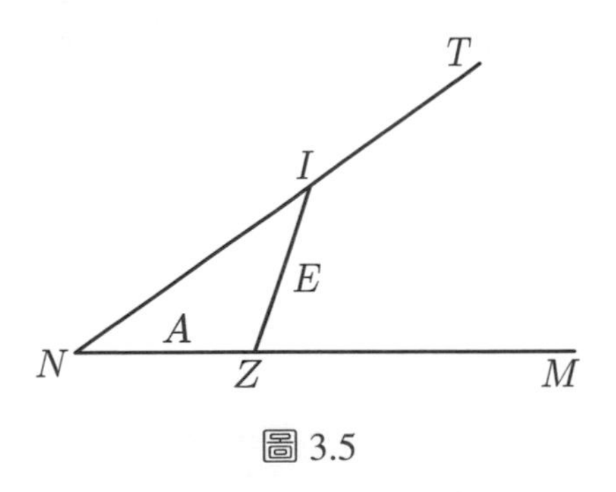

圖 3.5

費馬在本書中還利用這個方法，從方程式去解釋：如果未知量的最高次方不超過二次，則軌跡為直線，圓或是圓錐曲線。

何以費馬會有這樣的想法與進路？我們可以從他的求學過程窺得一二。費馬在當律師之前，曾在波爾多從學於韋達的幾個徒弟，所以，他熟悉韋達的符號化代數的新方法，亦即以代數方程式的方式重新解釋古希臘的「解析」方法。費馬在波爾多的這一段時間，熟悉了韋達所謂的「解析的技術」，他重新回到帕布斯收集的《分析薈萃》典籍中，並利用帕布斯的註釋與引理，來重構阿波羅尼斯的《平面軌跡》(*Plane Loci*)。他想要將韋達的代數方程式的解析方式，應用在古希臘的幾何上，特別是曲線軌跡的部分，以重新了解古希臘的許多有關曲線的理論，尤其是阿波羅尼斯理論。由於費馬對阿波羅尼斯作品的熟悉，很自然地，費馬應該從阿波羅尼斯那裡，得到了處理軌跡方法的啟發。例如，費馬針對阿波羅尼斯的定理「從任意給定的多個點向一點引直線，使得到的線段形成的正方形面積和等於已知給定的面積」這個問題，他以幾個特例介紹出他的「坐標系統」的想法，如圖 3.6，當有四個給定點時，費馬以直線 GK 為基準線，使得給定的點都在同一側，並選定 G 點為固定點（原點），所以，他就可以根據每一點的水平「坐標」GH、GL 與 GK，與垂直「坐標」AG、BH、DL 與 CK 及給定的已知面積，得出所求 P 點的軌跡為一圓，並得出其圓心的位置與半徑的大小。

同時，他在《平面與立體軌跡引論》中，以阿波羅尼斯的幾何構造方式構造出圓錐曲線後，也以代數方程式的形式，重新表現了阿波羅尼斯的圓錐曲線。

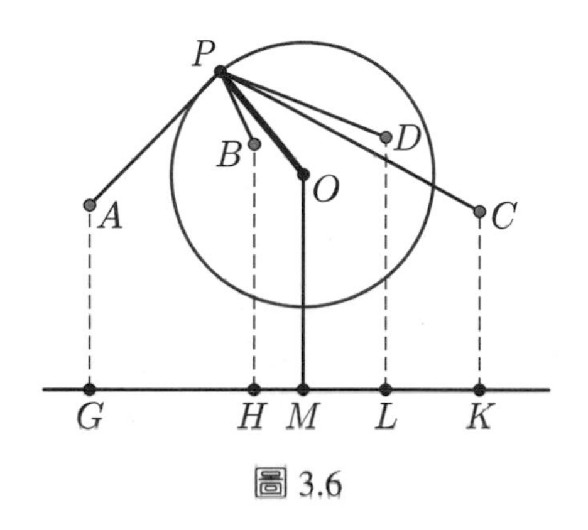

圖 3.6

費馬 vs. 笛卡兒

笛卡兒與費馬由於問題意識的不同，雖然同享解析幾何發明者的榮耀，但是，他們所選擇的進路卻各異其趣。笛卡兒想要以一種統一的方法來解決幾何問題，所以，他的出發點是幾何的，並以「運動軌跡」來定義幾何曲線，他只是藉助代數的便利性與一般性，求得代數方程式的解，目標還是在於「解」的幾何作圖。譬如說吧，他處理阿波羅尼斯的圓錐曲線相關問題時，重點在於如何幾何作圖，如何求出與其他直線或圓的交點，甚至對於切線（或法線）的處理，也是著重在幾何作圖上。相對於笛卡兒，費馬的策略則是利用一種新的代數的方法，來研究幾何曲線，所以，他反而是以代數方程式來定義幾何曲線，目標在於方程式所決定的曲線軌跡。

儘管他們兩人在出發點與研究進路不同，我們還是可以看出古希臘著作對他們的影響，尤其是阿波羅尼斯的著作。在阿波羅尼斯的著作《錐線論》中，我們可以看到阿波羅尼斯以一固定直線（直徑）及一點（頂點）當參照，用兩個方向的未知量來描述曲線上的點所滿足關係式，以笛卡兒與費馬對阿波羅尼斯著作的熟悉來看，他們會以這樣的形式來設定他們的坐標系統，似乎是再自然不過了。

不過，也因為他們兩人所採取的進路不同，對後來的數學研究也就有了不同影響，並得到不同的歷史評價。笛卡兒想要以他所架構的哲學體系中的「推理」方法，來統一解決幾何問題，他批判並打破了希臘的傳統。另一方面，費馬反而繼承了古希臘的傳統思維，他自己也認為他只是以代數方程的方式，重寫阿波羅尼斯的作品而已。

從現代的後見之明來看，雖然笛卡兒在方法上取得較大的成就，但是，費馬對曲線軌跡的研究，反而因為與十七世紀科學的研究風潮緊密結合，意料之外地對後來的微積分，乃至對整個數學的發展，都帶來更重大的影響。反觀笛卡兒以代數方程式求幾何問題解的方法，卻由於他固執地侷限在幾何作圖上，反而不能將他的方法之影響力，顯現在代數方程式研究的相關理論上，而他想要將他的方法應用到其他領域上的野心，也因為他所選擇的進路，而淪落成為只是解決幾何問題的工具而已。

儘管如此，這兩位十七世紀的跨域或斜槓先驅，將代數與幾何結合之後，為我們建立了洞察數學知識的更佳框架。在此值得引述數學家／科普作家史特格茲 (Steven Strogatz) 的深刻評論 ， 作為本章的結束：

> 當你把這兩個領域結合在一起之後，它們所向無敵了。代數給了幾何一套系統化的法則，因此我們在證明時不用等待靈光一閃，需要的就只是耐心而已。使用符號將原本需要洞察力的問題轉變成了直觀的計算，同時也解放了腦容量，替我們節省時間與精力。

相對地，幾何則賦予了代數意義。從此以後，方程式不再死氣沉沉；反之，它們代表了形形色色的幾何圖形。一大群全新的曲線與曲面，因為人們使用幾何觀點來看待方程式而得以被發現，就像生活在新大陸叢林中的新物種一樣，等著被發掘、歸檔、分類與解剖。[15]

---

[15] 引 Strogatz，《無限的力量》，頁 103。

NOTE

第 4 章

近代數學的起點(二)

4 近代數學的起點(二)

4.1 前言

十七世紀剛開始的六十年間，數學的發展非常快速。如同其他的時代一樣，這個時期也深深受到希臘古典數學的影響。對數學家或科學家、甚至是哲學家們來說，希臘古典數學的知識已經變成他們大多數人必備的一種基本素養。

希臘數學最令人讚賞的，就是它擁有強烈的嚴謹性。可惜，它的方法通常都缺乏啟發性：在面對全新的問題時，受限於嚴謹性的要求，人們常常沒辦法透過它們想到不同的解決方法。因此，研究者自然就得要去找尋其他全新的方法，即便這些新方法可能無法滿足希臘人對嚴謹性的要求，但至少也要對新問題的解決，能夠有所啟發或幫助。事實上，從十六世紀末到十七世紀初，這類方法便開始陸續出現。這段時間可謂是嚴正科學 (exact science) 的盛產時代：由於克卜勒所做的研究，天文學得以向前邁進一大步；而史提文的《秤重藝術的原理》(*De Beghinselen der Weeghconst*, 1586) 對靜力學也做出十足的貢獻。在運動學方面，伽利略提出的自由落體與拋體路徑的相關定律，推翻了亞里斯多德的物理學，同時也開啟了一個數學科學 (mathematical sciences) 的全新世代：那就是，數學被大量地應用於物理研究之上。

 科學的數學化

西元 1600 年代，歐洲的科學家們已經體認到數學在探究大自然時所具備的重要性。事實上，笛卡兒和伽利略兩人改變了科學活動的本質，把科學穩固地建立在數學的基礎之上。

笛卡兒曾經公開宣稱科學的要素是數學，他認為：「所有的自然現象都是藉幾何和抽象數學而得以解釋，而循著數學也可以證明某些自然的現象。」對笛卡兒來說，世界有兩個：一個是巨大的、諧和的，循著數學的機械設計，存在於空間和時間裡；另一個則是心智內的世界。他進一步確認自然律是不變的，屬於先驗的數學形式中的一部分，就算是神也變動不了大自然；也就是說，他否定了前人所信仰的：神一直在干涉大自然的作用。藉著將自然現象轉化為物理學的必然，笛卡兒將科學從神祕和玄奧中解脫出來。他的演繹、系統化的哲學思想遍及於十七世紀，並且對後來的科學與哲學的發展產生極大的影響。

伽利略在科學的哲學上，大都與笛卡兒一致，他也認為大自然是循著數學原理而設計。在 1610 年發表的《試金者》(*The Assayer*) 中，伽利略曾說：

> 在那部偉大的書裡所蘊涵的哲學，已經自然地展示在我們眼前——我指的是大自然。如果我們不先研讀其語言，把握其符號，那麼我們將無法瞭解它。這部書是以數學語言寫成的，它的符號是三角形、圓形和其他的幾何圖形，若不借助於這些符號，我們甚至無法瞭解其隻字片語，沒有它們，我們將迷失在黑暗的迷宮之中。[1]

跟笛卡兒一樣，伽利略抛開了許許多多的現象和性質，專注在物質和運動這兩個主題的研究——兩者都是能利用數學來描述的性質。他認為所有的科學必須在數學的模型中形式化，希望能夠透過吾人心智裡的數學模式，以建立具有演繹結構的科學知識。

對笛卡兒、伽利略、惠更斯和牛頓等這些促使近代科學 (modern science) 成型的人物來說，科學系統中的演繹部分——即數學部分的分量遠較實驗部分大上許多，不論是一般方法或個案研究，他們都是以數學家的進路來探索大自然，希望能經由直覺或決定性的觀察或實驗，去了解廣泛的、深奥的以及不變的數學定律，然後再由這些基本原理推導出新的規則；如此一來，演繹的部分應該才是研究的主要角色，整個科學思想體系便是這樣被引導建立起來。

十七世紀的偉大思想家們所掌握的這類「正確的」科學手法，已經被證實是有效的途徑。到了牛頓時代，人們對自然律的理性研究，更是產生了極有價值的結果，而它們都是基於最簡單的觀察與實驗的知識。例如，在十六和十七世紀具有偉大科學進展的天文學以及力學當中，觀察與實驗幾乎可以說沒有起到決定性的作用；相反地，數學理論方面卻得到廣泛的體認並漸臻完美。

正因為科學對數學的依賴逐漸增加，數學的研究在科學發展中開始占有舉足輕重的地位。誠然，拓展數學領域和技術的是科學家，而科學所提出的許多問題，則讓數學家發展出豐富的、夠分量的各種學說。

---

[1] 引 Kline，《數學：確定性的失落》，頁 56。

函數的發明

在伽利略等人的影響之下，這個時期科學研究的收穫有很大部分是來自對運動的研究，例如天文與航海，同時，科學家們也開始注意到陸地上的運動，像是拋射運動 (projectile motion)——包括拋射體 (projectile) 的軌跡與初速度、拋射距離與所能達到的最大高度，以及它們之間的關係等基本問題。科學家認為：既然宇宙是根據某一個設計建造出來的，那麼，解釋地面運動的原理一定也能解釋天體的運行才是。那時的國王跟今天的統治者一樣，為了宮廷或國家的財富而努力尋求這些問題的解答，不惜投注大量的人力與金錢。

從對運動的研究裡頭，數學家構造了極為重要的函數概念，它成為其後兩百年科學發展期間，一個研究自然現象的最重要工具之一。在《兩門新科學》(1638) 中，伽利略從頭到尾都是用文字或比例的語言，來表示函數的觀念，比方說，在研究運動時，他會寫出像是「從靜止開始下落的等加速運動，其距離與時間的平方成比例」、「從等高的斜面上下滑，所需的時間與斜面長度成比例」這一類的敘述。[2]由於當時代數符號已普遍地被使用，伽利略這些對於自由落體、斜面滑動的描述，自然很快就被寫成形如「$S=kt^2$」、「$t=kl$」等等的公式。

---

[2] 數學史家卡茲對於伽利略如何連結「拋射體的運動軌跡」與「圓錐曲線中的拋物線」，有著精妙深刻的論述。伽利略在他的《兩門新科學》中，證明此一結果。他的興趣不在物理定律本身，而是拋射體的運動路徑（拋物線）。相對地，儘管塔爾塔利亞（Tartaglia，三次方程式解法優先權爭議的「苦主」）知道發射角 45 度的砲彈射程最遠，但卻完全不知道其路徑是一條拋物線。值得注意的，塔爾塔利亞的相關著作也稱做《新科學》(*Nova scientia*)。參考卡茲，《數學史通論》（第 2 版），頁 330–331。

事實上，在函數概念被完全認識以前，十七世紀出現的許多函數，如 $\log x$、a^x、$\sin x$ 等等（超越函數），大部分都被當作曲線來研究。其後經過羅伯勃 (Gilles Persone de Roberval, 1602–1675)、巴洛 (Isaac Barrow, 1630–1677) 與牛頓等人的深入探索，將曲線視為動點軌跡的觀念，獲得了普遍的認識和接受。牛頓在其有關微積分的第三篇論文《曲線求積術》(*Tractatus de Quadratura Curvarum*, 1676/1704) 中便說過：「在此，我將數學的量看成是連續運動所形成的，而不是點滴之聚集，(曲) 線的描述和繪製，並非根據部分之累積，而是根據點的連續運動。」他從 1665 年開始著手研究微積分以後，就以「**流量**」**(fluent)** 代表變數之間的關聯。

另一方面，萊布尼茲在 1673 年的手稿裡，用「**函數**」**(function)** 來指曲線上各點之間量的變化，如切線、法線的長度以及點的坐標等等，而曲線本身也是由方程式所決定。同時，他也引進「**常數**」**(constant)**、「**變數**」**(variable)** 和「**參數**」**(parameter)** 等術語。還有，約翰・白努利自 1697 年以後，就把函數當作是變數和常數的量之關係的任何形式，其概念涵蓋代數函數與超越函數，到了 1698 年，他甚至引用萊布尼茲的說法「***x* 的函數**」**(function of *x*)** 來表示這些關係。至於符號方面，約翰・白努利以「X」或「ξ」代表 x 的一般函數，到了 1781 年則改為「ϕx」。

西元 1734 年，歐拉首度引進「$f(x)$」的符號。在他的《無窮分析引論》的序言中，更是宣稱數學分析學是變數及其函數的一般性科學。接著，他定義函數是一種「解析表示式」(analytic expression)：

一個變量的函數是一種解析表示式，它是由變量 (variable

> quantity) 與數目（或常量 constant quantities）按任意方式所構成。[3]

不過，歐拉並未定義何謂**「解析表示式」**，而只是說明可允許的「解析表示式」涉及加、減、乘、除四種代數運算、根式、指數、對數、三角函數、導數，以及積分等物件。由於他未曾使用圖形來輔助說明，因此，看起來完全是一種**「代數風格」**的進路。[4]

於是，函數觀念很快地就成為微積分研究的核心工具，並且被廣泛地應用。不過，歐拉對於函數的定義之說法也有所調整，而這涉及有關波動方程（或弦振動偏微分方程）的解之爭議，我們在《數之軌跡 IV：再度邁向顛峰的數學》第 1.3.3 節稍作補充。

有鑑於函數在中學教學的重要性，如何從 HPM 觀點來考察函數的演化，從而引進教學現場，應該是值得我們關注的議題。因此，在本節最後，我們將引述數學史家克萊納 (Israel Kleiner) 有關函數演化的反思，讓函數史展現更豐富的歷史意義：

> 函數概念的演化可以看成是兩個元素、兩個心像之間的拔河：幾何方式的（呈現為一條曲線的形式）vs. 代數方式的（呈現為一個公式——先是有限多、後來是無窮多項，亦即所謂的「解析表示式」)。接著下來，第三個元素進場，也就是函數之「邏輯」定義，它將函數定義為一種對應（其心像是一種「輸入—輸出」機械裝置）。在這之後，函數的幾何概念逐漸

---

[3] 引 Kleiner, "Evolution of the Function Concept: A Brief Survey"。

[4] 參考同上。

被放棄。但是，接踵而至（且無論是什麼形式，今日仍與我們形影不離)，是一場新的拔河，它的兩邊分別是函數的這個新奇的「邏輯」(「抽象的」、「綜合的」、「設定的」) 概念，以及古老的「代數」(「具體的」、「解析的」、「建構的」) 概念。[5]

在上述引文中，函數的「邏輯」定義是德國數學家狄利克雷 (Peter Gustav Lejeune-Dirichlet, 1805–1859) 的貢獻。他在 1837 年定義函數概念如下：

若變量 y 以如下的方式與變量 x 相關聯，只要給 x 指定一個值，按一個規則可確定唯一的 y 值，則稱 y 是獨立變量 x 的函數。[6]

顯然為了說明此一定義的一般性，狄利克雷特別引進目前以他為名的狄利克雷函數 (Dirichlet function)：

$$f(x)=\begin{cases} c,\text{ 若 } x \text{ 為有理數} \\ d,\text{ 若 } x \text{ 為無理數} \end{cases}$$

其中，$d \neq c$。「這個函數不但無法以一般的代數、超越運算表示，甚至，連圖形都畫不出來。」[7]也就是說，它無法以史家克萊納所謂的

[5] 引 Kleiner, "Evolution of the Function Concept: A Brief Survey"。

[6] 引蔡志強，〈積分發展的一頁滄桑〉。

「代數」或「幾何」元素來表徵，而必須完全訴諸於抽象「邏輯」的思考。這個函數後來在測度論或實變分析的發展，發揮舉足輕重的作用，簡要說明請參考《數之軌跡 IV：再度邁向顛峰的數學》第 4.4 節。

4.4 微積分的誕生

隨著函數觀念的採用而來的，就是微積分的問世。微積分的發明可以算是十七世紀最輝煌的成就，它的出現是數學史，甚至是整個人類歷史的一件大事。微積分的發明初衷，便在於解決這個世紀科學上的四個主要問題：

- 已知物體位移的時間函數式，求瞬間速度和瞬間加速度，以及其逆問題：已知物體加速度的時間函數式，求其速度和位移。
- 尋找給定曲線的切線和法線。
- 求函數的極大值與極小值。
- 求曲線的長度、曲線所圍的面積、曲面所圍的體積、物體的質量重心以及一個物體對另一個物體間的萬有引力作用。[8]

一直以來，歐洲數學家為了要解決這些問題，有許許多多的方法因應而生，但是這些方法都有一個共通性：那就是，它們都只能適用

---

[7] 引蔡志強，〈積分發展的一頁滄桑〉。

[8] 引 Kline, *Mathematical Thought from Ancient to Modern Times*, p. 342.

在特定的問題上，而無法加以推廣。舉例來說，希臘人早已會利用逼近法求（曲線形）面積和體積，不過，這種方法通常依賴相關的幾何物件之特性而缺乏一般性，[9]即使只是計算簡單的面積和體積，他們就已經要絞盡腦汁，甚至還常常得不到數值 (numerical) 答案。然而，在阿基米德的相關作品傳到歐洲以後，[10]計算面積、體積和質量重心的研究又再度興起，而原本步履蹣跚的逼近法，在微積分發明之後也重新激進起來。

其實，在牛頓和萊布尼茲之前，早就有一堆偉大的數學家參與微積分研究，而比較次要的數學家更是不計其數。在這些研究中，我們偶而可以發現——用今天的數學語言來說——某些展現微分與積分是互逆過程的例子；不過，這些例子都只跟特定的問題有關，而無法連結到一般性的理論。今天，我們會認為微積分的發明者是牛頓和萊布尼茲，最主要的原因就在於兩人都發展出了無窮小量微積分 (infinitesimal calculus) 的一般性理論：牛頓是流量 (fluent) 與流數 (fluxion)，萊布尼茲則是微分 (differential) 和積分 (integral)。兩人都各自建立了符號與算則，使得這些觀念更易於使用。從現在觀點來看，他們不但理解，同時也能應用這兩個觀念的互逆關係，最重要的，是使用這兩種觀念解決了許多先前未解決的難題。

在介紹牛頓與萊布尼茲所發明的微積分之前，也許將他們的先驅者如費馬的相關研究成果簡要對比一下，應該更有助於我們體會他們的不朽貢獻。在此我們主要引述數學史家卡茲 (Victor Katz) 的說明。[11]

---

[9] 譬如阿基米德計算拋物線截區 (sector) 面積時，就充分利用到拋物線的幾何性質。

[10] 參考第 1.8 節。

[11] 參考卡茲，《數學史通論》（第 2 版），頁 366–378。

由於解析（或坐標）幾何的誕生——一般將費馬與笛卡兒並列為發明者，使用代數方程式而非幾何性質來定義曲線的可能性被揭開了，從而費馬可以更容易說明他的進路。以曲線上某一點求作切線為例，費馬先求得「**次切距**」**(subtangent)** 的長度，再據以從曲線上的點向軸上適當點引出直線，這就可作出所求切線了。如圖 4.1，給定曲線 $y=f(x)$（以現代符號表徵）上的點 B，費馬假設其切線 BA 存在，分別從點 B、點 A 向曲線之軸作垂線 BC 及 AI，其中 AI 交此曲線於點 F。費馬利用所謂的「**等同法**」**(adequate)** 得出下列式子：

$$\frac{FI}{BC} \approx \frac{EI}{CE} \quad 或 \quad \frac{f(x+e)}{f(x)} \approx \frac{t+e}{t} \quad 或 \quad tf(x+e) \approx (t+e)f(x)$$

將上式化簡，費馬最後得到能夠計算出確定切線的 t 和 x 之關係。

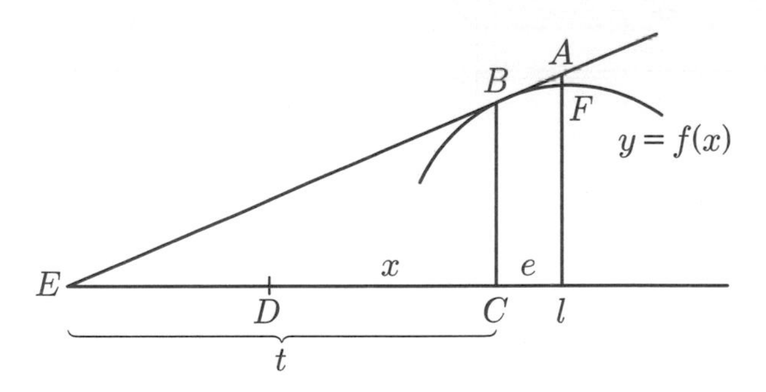

圖 4.1：費馬求切線圖示

然則費馬究竟如何化簡？以拋物線 $f(x)=\sqrt{x}$ 為例，他計算 $t\sqrt{x+e} \approx (t+e)\sqrt{x}$ 這個「等同式」。兩邊各自平方並化簡得 t^2e

$\approx 2tex+e^2x$。兩邊同再除以 e，剔除仍含 e 之項，最後可得 $t=2x$。而這正如費馬所期待的，重證了古希臘阿波羅尼斯《錐線論》命題 I–33：[12]拋物線上某點的次切距等於該點橫坐標的兩倍。

顯然，費馬並未一般性地考慮切線的斜率，或者（相當於）我們今日所謂的導數。同理，當他在求曲線 $y=x^k$ 下從 $x=0$ 到 $x=x_0$ 的面積等於寬為 x_0、高為 $\frac{1}{k+1}y_0$ 的矩形之面積時，從未將一個固定坐標到一個變量坐標間的面積，考慮成一個可表示為新曲線的函數。因此，卡茲認為費馬不是微積分的發明者。

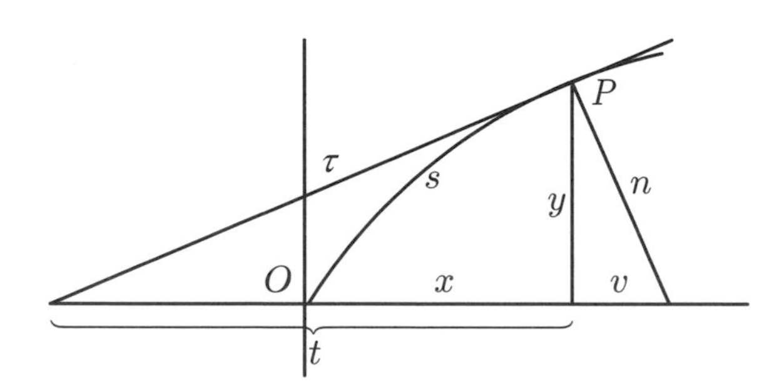

圖 4.2：x 為點 P 的橫坐標，y 為點 P 的縱坐標，s 為弧長，t 為次切距，τ 為切線，n 為法線，v 為次法距

不過，費馬在研究（由代數方程式所定義的）曲線時，看起來應該非常想要掙脫幾何性質的羈絆。為了對照，史家卡茲也引述了圖 4.2，說明當時數學家求切線時，一直糾纏在許多幾何量（的長度）之間，難以找到適當的聚焦點，也就是等價於現代意義的函數之導數。

---

[12] 費馬希望藉助於坐標及其連結的代數方法，深入理解阿波羅尼斯的圓錐曲線。見第 3.5 節。

費馬的進路後來被牛頓補足並推陳出新，我們將在下一節簡要介紹牛頓的微積分。

4.5 微積分的發明人：牛頓 (1643–1727)

關於牛頓的出生日期，如果用當時英國所使用的儒略曆來算，是 1642 年 12 月 25 日，這天恰好是伽利略去世那一年的耶誕節，因此，有許多牛頓的生平故事都藉此來比喻科學上的傳承。不過，如果以我們今天使用的格里高利曆（Gregorian calendar，陽曆）來推算，真正的日期應該是 1643 年 1 月 4 日。這天，牛頓誕生於伍爾斯索普 (Woolsthorpe)，距離倫敦北方大約一百英里的一個小地方。牛頓的父親在他出生前三個月就過世了。三歲那年，他的母親改嫁，並把年幼的牛頓託給外婆照顧。1653 年，因為第二任丈夫過世，他的母親回到伍爾斯索普，牛頓才又重新與外祖父母、母親及同母異父的弟妹們住在一起。

西元 1655 那年，牛頓被送往格蘭瑟姆 (Grantham) 一個當地的文法學校，在那裡，他學習當時學校的主流課程——拉丁文。然而，因為學校的校長史托克斯 (Henry Stokes) 的關係，牛頓開啟了他的數學學習之路。之後，牛頓不只習得了基礎算術，還進一步學到像是平面三角學和幾何作圖等等更深入的主題，因此，這也讓他在 1661 年參加劍橋大學三一學院的入學考試時，成績得以遠遠贏過其他的同儕。

當時數學並非劍橋大學的一般學程，這種情況即便到了 1663 年巴洛出任盧卡斯數學教授 (Lucasian Professor) 之後還是一樣。事實上，大學可以說是幾乎沒有什麼要求，任何一個學生只要持續住校四年，並且支付相關費用就可以拿到學士學位。另外，校方並沒有特別關心牛頓究竟修了哪些課程，這點倒是有利於他在 1663 年開始的獨立數學研究。在自學的過程中，他不但熟讀了歐氏幾何以便能夠理解三角學；還有奧特雷德 (William Oughtred, 1574–1660) 的《數學之鑰》(*Clavis Mathematicae*)——這是當時一本相當普及的著作，內容包含算術與代數的本質；另外還有荷蘭數學家范・舒藤所編寫的笛卡兒《幾何學》(*La Géométry*) 拉丁文版本，裡頭附有上百頁的評註；以及韋達編纂的作品集；最後還包括沃利斯 (John Wallis, 1616–1703) 的《無窮算術》(*Arithmetica Infinitorum*)。

西元 1664 年，巴洛開設了一系列有關數學基礎的盧卡斯講座，這位數學家極有可能透過這個講座而激勵了牛頓，甚至也很有可能把自己的藏書借給了牛頓。當時的牛頓非常需要大學方面提供安穩無虞的經濟支援，讓他可以全心全力地投入研究，幸好巴洛發揮了很大的影響力，讓牛頓分別在 1664 年和 1667 年獲得獎學金 (scholarship) 和助學金 (fellowship)。甚至在 1669 年，巴洛還推薦牛頓繼任為盧卡斯教授，所有這些，都確保了牛頓經濟來源的不虞匱乏。

今天讓牛頓在數學與自然科學界享有盛名的眾多偉大想法，有不少是在 1664 年到 1666 年這兩年間誕生的，當時牛頓還是劍橋大學三一學院的研究生。因為害怕染上鼠疫，他離開劍橋回到林肯郡待了一段時間。包括萬有引力 (gravity) 的構想——後來被他成功計算出來，並收入《自然哲學的數學原理》(或《原理》(*Principia*), 1687)，還有 1704 年收入《光學》(*Opticks*) 的顏色理論，以及二項式定理乃至於流數法微積分 (fluxional calculus)，大致都是在這個時期成形的。牛頓自己在晚年曾說：「那些日子是我發明生涯的顛峰時期，對數學和哲學（科學）的關注，也甚於其他任何時期。」

4.6 牛頓的流數法微積分

如同前文曾經提過，牛頓在無窮小量微積分上的發現，最早開始於 1664 年至 1666 年間。他靠著自學很快地就學到許多當時這個領域的相關理論，其中又以范・舒藤評註版的笛卡兒《幾何學》和沃利斯的研究成果，讓他獲益最多。牛頓曾自承在微積分方面的發現，是由於《無窮算術》一書的啟發，但不同的是，他採取偏向解析的思維方式來進行微積分的研究。

1669 年，牛頓印送給他朋友們一篇名為《以無窮多項方程式論分析》的專題論文（*De Analysi per Aequationes Numero Terminorum Infinitas*，一般簡稱為《論分析》(*De Analysi*)，它遲遲一直到 1711 年才正式發表)。文中他假設有一條如圖 4.3 的曲線，其下方的面積 z 可表為

$$z = ax^m \text{，其中 } m \text{ 為整數或分數} \quad (1)$$

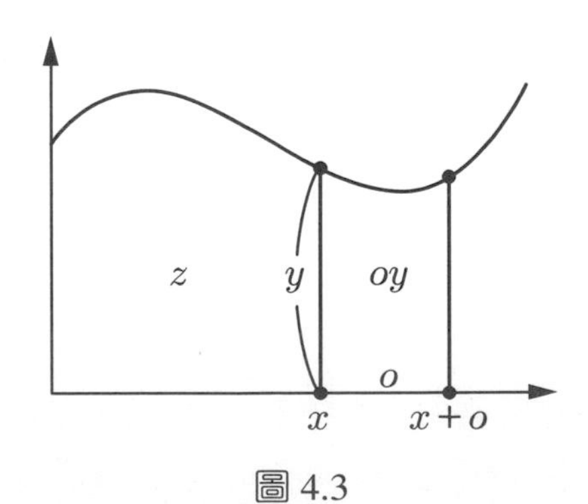

圖 4.3

他稱 x 的極小增加量為 x 的 「**瞬**」 **(moment)**， 並引用格列高里 (James Gregory, 1638–1675) 所使用的符號「$\boldsymbol{o}$」(**希臘字母** ***omicron***) 來表示，這條曲線與 x 軸、y 軸和鉛直線 $x+o$ 所圍成的面積以 $z+oy$ 表示，其中 oy 是面積的增加量，則有

$$z+oy=a(x+o)^m \quad (2)$$

他用二項式定理處理等號右邊的式子，若 m 為分數，則可得到無窮級數。將(2)減去(1)得

$$\begin{aligned} oy &= a(x+o)^m - ax^m \\ &= a(x^m + C_1^m x^{m-1}o + C_2^m x^{m-2}o^2 + \cdots + C_{m-1}^m xo^{m-1} + o^m) - ax^m \\ &= C_1^m ax^{m-1}o + C_2^m ax^{m-2}o^2 + \cdots + C_{m-1}^m axo^{m-1} + ao^m \end{aligned}$$

以 o 遍除上列結果的兩邊，再略去仍含有 o 的項，可得

$$y=max^{m-1}$$

上式用現在的術語來說的話，就是：面積的變化率等於曲線在該點的 y 值。反之，如果曲線的方程式是 $y=max^{m-1}$，那麼，其下方的面積就是 $z=ax^m$。

在這個處理的過程當中，牛頓不只提供了一個變數對另一個變數的瞬間變化率 (如前例中 z 對 x 的變化率)，而且也證明了面積可由面積的變化率求得。由於面積能用極小面積的相加表示及計算，牛頓

認為它具有一般性，他將之應用到許多曲線以求面積，同時，也解決其他能化成級數和的類似問題。

牛頓在他寫於 1671 年，但直到 1736 年才發表的《論級數方法與流數法》(*Tractatus de methodis serierum et fluxionum*，簡稱《流數法》) 裡頭，為他的觀念再次做更明確、更廣泛的解釋。如同之前的論文一樣，他說他將變數看成點、線、平面等的連續運動之生成物，而不是「微差」的聚集。他將這些量視為**「不斷流動的量」(flowing quantities)**，也就是隨著時間改變的量。因此，考慮像是圖 4.4 中的曲線時，他將 D 點設想成是在曲線上移動，此時對應的縱坐標 y、橫坐標 x、面積 z 或任何其他與曲線關聯之變量，會跟著增加或減少，又或者整個地改變或流動。他稱這些流動的量為**「流量 fluent」**(對比於圖中或問題裡的「不變量」)，同時稱流量隨時間的變化率為「流數 fluxion」。在牛頓較早期的研究中，他曾用個別單獨的字母來代表流數，直到 1671 年，他才引入了點狀記號，以流量 x 與 y 為例，它們的流數分別是 $\dot{x}$ 與 $\dot{y}$，而 $\dot{x}$ 的流數為 $\ddot{x}$；至於以 x 為流數的流量是 $\acute{x}$，而 $\acute{x}$ 的流量為 $\acute{\acute{x}}$。

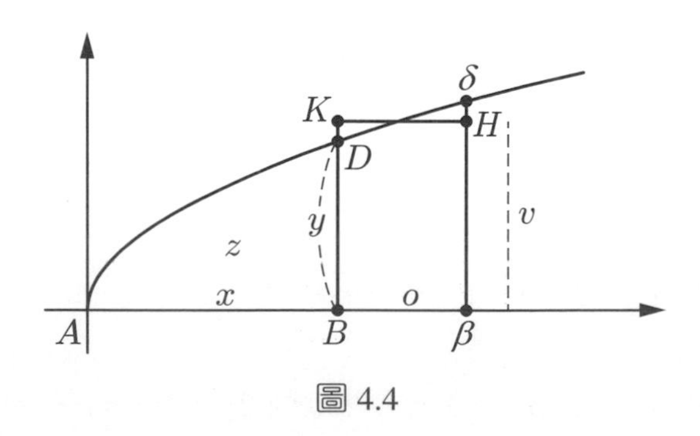

圖 4.4

「流量」(fluent) 和「流數」(fluxion) 等用詞反映出了牛頓對於幾何的解析觀點。然而值得注意的是，流量隨時間改變的方式是任意的。為了簡單起見，牛頓常會針對變量的運動，再做一個額外的假設：設其中一個變量 x 是均勻的運動，因此 $\dot{x}=1$。會做這樣的假設，是因為流數本身的大小並不是很重要，真正令人在意的，是它們彼此相互的比值，例如 $\frac{\dot{y}}{\dot{x}}$，也就是切線的斜率。藉由這種隨時間運動的變量想法，牛頓認為他可以解決變量增加對應的「微小量」所衍生的難題：由於這個量實在是太小了，因此可以忽略；然而，當我們要拿它們來做除數時，它們的值卻又不為 0。在他對這個難題的解決辦法：「首末比」理論 (theory of prime and ultimate ratios) 裡頭，「流動的量」這個想法是絕對不可或缺的。事實上，這個想法已經相當接近微積分的基礎，也就是極限的概念了。

現在，再讓我們回到前面所提到的算法。變量的對應增加量，可以用流數的形式來表示：如果令 o 是時間的無窮小量，那麼，流量 x, y, z 的對應增量分別為 $\dot{x}o$, $\dot{y}o$ 與 $\dot{z}o$。於是，$\dot{y}$ 對 $\dot{x}$ 的比值就可以求出來。在下文中，我們便以牛頓於 1671 年《論級數方法與流數法》一書中所舉的例子來做說明。給定一個曲線方程式如下：

$$x^3 - ax^2 + axy - y^3 = 0 \quad (3)$$

將 x, y 分別以 $x+\dot{x}o$, $y+\dot{y}o$ 代入上式得

$$(x^3 + 3\dot{x}ox^2 + 3\dot{x}^2o^2x + \dot{x}^3o^3) - (ax^2 + 2a\dot{x}ox + a\dot{x}^2o^2) + (axy + a\dot{x}oy + a\dot{y}ox + a\dot{x}\dot{y}o^2) - (y^3 + 3\dot{y}oy^2 + 3\dot{y}^2o^2y + \dot{y}^3o^3) = 0 \quad (4)$$

(4) − (3)可得

$$(3\dot{x}ox^2+3\dot{x}^2o^2x+\dot{x}^3o^3)-(2a\dot{x}ox+a\dot{x}^2o^2)$$
$$+(a\dot{x}oy+a\dot{y}ox+a\dot{x}\dot{y}o^2)-(3\dot{y}oy^2+3\dot{y}^2o^2y+\dot{y}^3o^3)=0$$

接著，兩邊同時除以 o 得到

$$(3\dot{x}x^2+3\dot{x}^2ox+\dot{x}^3o^2)-(2a\dot{x}x+a\dot{x}^2o)+(a\dot{x}y+a\dot{y}x+a\dot{x}\dot{y}o)$$
$$-(3\dot{y}y^2+3\dot{y}^2oy+\dot{y}^3o^2)=0$$

捨棄留有 o 的項可得

$$3\dot{x}x^2-2a\dot{x}x+a\dot{x}y+a\dot{y}x-3\dot{y}y^2=0$$

由此，$\dot{y}$ 對 $\dot{x}$ 的比值便很容易求得

$$\frac{\dot{y}}{\dot{x}}=\frac{3x^2-2ax+ay}{3y^2-ax}$$

在上面的結果中，我們看到分子與分母其實分別是 $f(x, y)=x^3-ax^2+axy-y^3$ 的偏導數 f_x 與 f_y，所以

$$\frac{\dot{y}}{\dot{x}}=-\frac{f_x}{f_y}$$

事實上，這樣的關係式常隱含在牛頓處理切線、最大與最小值以及曲率問題所得的算法裡頭。有了這樣的算法，再加上某些我們無法在這邊詳述的技巧，牛頓便能夠解決他所謂的無窮小量微積分兩大基本問題的其中一個：給定幾個流量及其關係後，找出流數。

至於兩大基本問題的第二個，則是第一個問題的逆問題：給定流數的關係，找出流量的關係。換成現在的術語來說，意思就是：給定一個微分方程式，找出它的解。這個問題顯然比第一個難上許多。針對這個問題，除了進行詳細的說明以外，牛頓還特別製作了積分表，同時也著手去研究各式各樣的微分方程式 （或者應該說是流數方程式）。不過，限於篇幅的關係，我們並不打算在此做進一步的討論。

接下來，我們要把焦點轉向微積分的另一位發明人，同時也是牛頓的競爭對手——萊布尼茲的身上。

4.7 微積分的另一位發明人：萊布尼茲 (1646–1716)

微積分的另外一位發明人，萊布尼茲出生於萊比錫。他的母親是萊比錫大學哲學院副院長的第三任妻子。雖然他的父親在他 6 歲時便已過世，但年幼的萊布尼茲早已培養出對於讀書和學習的渴望。童年時期，他在父親大量的藏書中，奮力研讀各種拉丁文經典、哲學以及神學作品。

西元 1661 年，他進入萊比錫大學，在這裡，他大部分的時間都在學習哲學。1663 年，他拿到學士學位，隔年又取得碩士學位。雖然他曾經為申請法學博士準備了研究論文，不過，或許是學院教授間所存在的某些政治因素，大學竟然拒絕頒給他學位。於是，萊布尼茲離開萊比錫，並在 1667 年紐倫堡的阿爾特多夫大學 (University of Altdorf,

Nuremberg) 獲得博士學位。

西元 1663 年在耶納大學 (University of Jena) 短暫停留的期間，萊布尼茲接觸到了高等數學。同時，他還是希望自己能對哲學研究作出創新的貢獻，於是，開始擬定細部規劃，著手發展有關人類想法的字母系統——這是一種利用符號來代表所有基本觀念，並且透過這些符號的排列組合，表達複雜思想的方法。雖然萊布尼茲後來沒能完成這個計畫，但他最初的想法早已收錄於 1666 年的《論組合的方法》(*Dissertatio de arte combinatoria*) 裡頭，書中他獨立算出巴斯卡三角形，連同其中數量間的各種關係。這種找尋適當符號來表示想法，以及設法組合這些符號的興趣，最終讓他得以發明了我們到今天仍在使用的微積分符號。

就在完成大學學業後不久，萊布尼茲隨即踏入他的職業生涯：一開始是接受美因茲選帝侯 (Elector of Mainz) 派給他的外交任務，其後大多數時間則是擔任漢諾威公爵 (Duke of Hanover) 的顧問。儘管工作非常忙碌，萊布尼茲總是會設法找出時間，去發展他在數學上的想法，並且持續與整個歐洲的同儕保持密切的聯繫。

萊布尼茲發明的微積分

雖然萊布尼茲從 1684 年才開始發表微積分論文，但有許多結論與發展早已預藏在 1673 年以後完成、卻沒有發表的數百頁筆記之中。他在這些筆記裡討論各式各樣的課題，符號的使用也隨著思想的進展而有所改變。目前在德國漢諾威萊布尼茲檔案館 (Leibniz archive in Hanover)，就珍藏了一套日期分別標示為 1675 年 10 月 25 日、26 日、29 日與 11 月 1 日、11 日的數學手稿，這些手稿可以說是萊布尼茲在微積分方面的發明紀錄。[13]萊布尼茲在尋找曲線求積方法的這段期間裡，他都會把自己的想法寫在這些手稿上頭。透過這些手稿，我們可以看到他在研究的過程中，成功地引入「$\int$」與「d」等符號，來解釋它們在式子裡所遵循的運算規則，同時，也用它們將曲線求積的幾何論證轉化成為符號與方程式。

萊布尼茲在 1673 年以前，就已經體認到求曲線的切線與其逆操作的重要性，他相信逆操作就相當於是以和求體積或面積。事實上，萊布尼茲的思想從 1675 年的論文手稿才算開始有系統性的進展，然而，為了要了解他的思想，我們必須回溯到其《論組合的方法》一書。在該書中，他曾經考慮過數列與它的一階差（數列中後項與前項的差）、二階差（一階差所成數列中之後項與前項的差）及高階差。例如

平方數數列	0, 1, 4, 9, 16, 25, 36
一階差	1, 3, 5, 7, 9, 11
二階差	2, 2, 2, 2, 2

萊布尼茲指出：平方數數列之三階差，如同自然數數列之二階差均不復存在（每一項都是 0）；同時也注意到在一階差中各項的和，會等於原數列末項與首項的差。因此，若一數列的首項為 0，那麼，一階差的各項和就會等於原數列的末項，譬如在上述平方數數列中，$1+3+5+7+9+11=36-0=36$。接著他將這些事實跟微積分關聯起來。

萊布尼茲把數列當作函數的 y 值（即函數值），而將兩項之差當

[13] 參考卡茲，《數學史通論》（第 2 版），頁 410。

作相鄰的 y 值之差，最初他以 x 值來規範項的次序（即足碼），而用 y 值代表每一項的值。通常他把 dx（也就是相鄰兩項的次序之差）寫成 a，此時其值為 1，把 dy（也就是相鄰兩項之差）寫成 l，然後用「$omn.$」──拉丁文 $omnia$ 的縮寫──來表示和。萊布尼茲根據前段的事實得到 $omn.l=y$ （用現代的符號表示就是 $\int dy=y$），因為 $omn.l$ 是各項之和，而且首項為 0，所以結果會等於末項。至於 $omn.yl$ 則又是一個新的問題，萊布尼茲說：「從原點開始遞增的直線與其對應之遞增勢形成一個三角形。」因此如圖 4.5，當 $y=x$ 時，$omn.yl$ 在 l 取得很小的情況下就可以視為是三角形 OAB 的面積，即

$$omn.yl=\frac{y^2}{2} \quad (5)$$

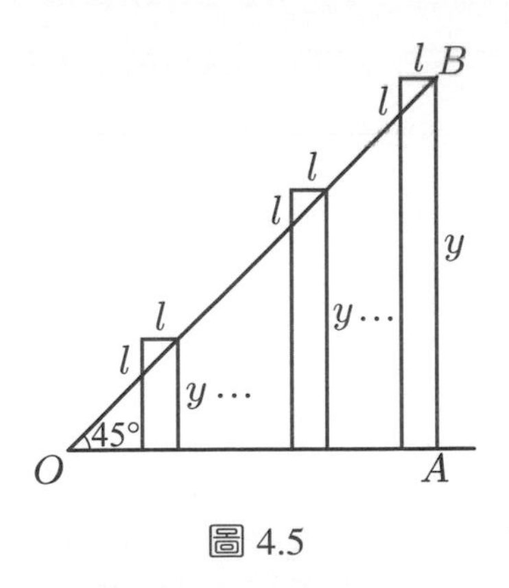

圖 4.5

接下來，他必須將離散的數列轉變為某一個函數，這時的 a（即 dx）不再是 1，不過在處理求和的問題時，他忽略了這個事實，因此，在 1675 年 10 月 29 日的手稿裡，萊布尼茲從下面的式子出發：

$$omn.yl = \overline{omn.\overline{omn.l}\frac{l}{a}} \quad (6)$$

其中，上橫線是括號的意思。這裡，他使用 $\frac{l}{a}$，為的是要保持其對各區間 （不同的 a 會產生不同的區間） 都正確 ， 而因為 y 本身就是 $omn.l$，所以，上式能成立。由(5)和(6)可得

$$\frac{y^2}{2} = \overline{omn.\overline{omn.l}\frac{l}{a}} \quad (7)$$

用現在的符號表示，(圖 4.5) 說明的就是 $\frac{y^2}{2} = \int\{\int dy\}\frac{dy}{dx} = \int y\frac{dy}{dx}$。

萊布尼茲也用幾何的方法，推導出另一個定理：

$$omn.xl = x\ omn.l - omn.omn.l \quad (8)$$

對我們來說，上式就是 $\int xdy = xy - \int ydx$。他接著假定(8)裡的 l 就是 x，於是得到

$$omn.x^2 = x\ omn.x - omn.omn.x$$

但他認為 $omn.x$ 會等於 $\frac{x^2}{2}$（前面已經證明過 $omn.yl = \frac{y^2}{2}$），因此，

$$omn.x^2 = x\frac{x^2}{2} - omn.\frac{x^2}{2}$$

把最後一項移到等號的左邊，就可以得到

$$omn.x^2 = \frac{x^3}{3}$$

或許是考慮到**「維數齊次性」(dimensional homogeneity)**，萊布尼茲在 1675 年 10 月 29 日的手稿中，決定使用單一的字母來取代符號「$omn.$」，因為他曾經提到：「將 $omn.$ 寫成 $\int$ 應該會很有用……這樣一來，$\int l$ 便表示 $omn.l$，也就是所有 l 的總和。」

於是，「$\int$」符號就這樣被引入了。「$\int$」在萊布尼茲那個年代是字母 s 的一種書寫方式（或者直接就說成是斜體字）：它是總和 $summa$ 這個字的第一個字母。在同一篇手稿裡，他也探索了 $\int$ 和 d 兩種運算，並確信兩者是互逆的，事實上，他很可能早在研讀巴洛的作品時，就已經看出：微分與積分（作為和）是互逆的運算。

至於微分方面，在 1676 年 6 月 26 日的一篇論文裡，萊布尼茲了解到找切線的最佳途徑就是求 $\frac{dy}{dx}$，其中的 dy、dx 均為微分，而 $\frac{dy}{dx}$ 表示商；到了 1680 年，他的 dx 成為橫坐標的差分，dy 則是縱坐標的差分，他說：「現在 dx 和 dy 被當作無限小，或是在曲線上距離小於任意長的點。」並假想 dy 是縱坐標 y 在 x 移動時的**「瞬間增加量」(momentaneous increment)**。萊布尼茲以所謂的「特徵三角形」(characteristic triangle) 來說明他的概念。當他把曲線看成是有無窮多個邊的多邊形時，每一小段的邊長與其頂點所對應的坐標增量，會形成一個小三角形，稱為「特徵三角形」，如圖 4.6 的 $\triangle PQR$，這個三角形包含 dy、dx 與弦 PQ。他認為弦 PQ 可視為曲線在 P、Q 之間的部分，也可當作切於點 T 之切線的一部分；他假定這個三角形 PQR 是無限小的，卻一直保持與三角形 STU——由次切距 SU 與 T 點所形成——相似，因而 $\dfrac{dy}{dx}=\dfrac{TU}{SU}$。

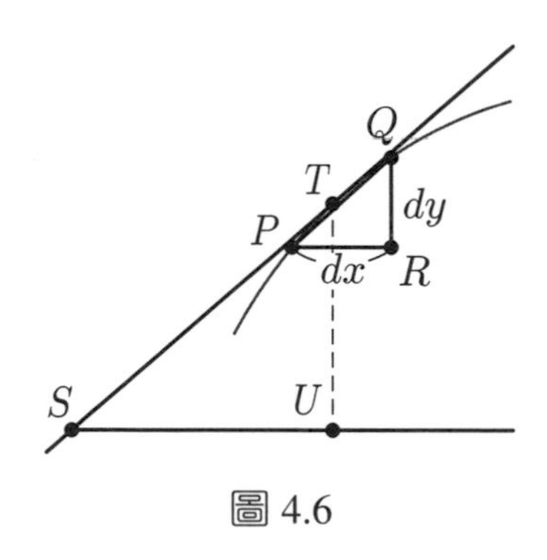

圖 4.6

對萊布尼茲而言，當 dx 與 dy 減少時，會達到近乎消失的小，或說是無窮小的值，此時它們的值不是 0，但會比任何給定的數都還要來得小。比如說，利用這樣的想法，他就可以得到微分的乘法規則：

$$d(xy)=(x+dx)(y+dy)-xy=xdx+ydx+dxdy$$

因為 $dxdy$ 小到可以忽略不計，所以

$$d(xy)=xdx+ydx$$

 關於微積分發明的優先權爭議

雖然在西元 1665 年到 1687 年之間，牛頓曾將自己的研究透過信件寄送在朋友之間傳閱，特別是在 1669 年，他將第一篇關於微積分的短論《論分析》送給巴洛，巴洛又把它轉送給柯林斯 (John Collins, 1624–1683)。不過，當萊布尼茲在 1684 年發表第一篇微分論文，裡頭卻隻字未提牛頓。歐洲大陸並沒有人覺得奇怪，因為牛頓那時根本沒有發表過任何有關微積分的作品，歐陸也還鮮少有人知道牛頓在數學界的名聲。然而，由於萊布尼茲分別在 1672 年與 1673 年到過巴黎與倫敦，並曾經與知曉牛頓成果的一些人士來往，因此，萊布尼茲是否知道牛頓研究的細節，自然也會引發疑問。

關於這個問題，最初牛頓本人似乎無動於衷，他甚至在 1687 年出版的《原理》第一版中承認：「萊布尼茲得出了同樣的方法，並和我交流了他的方法，除了在符號和產生量的觀念以外，他的方法與我的幾乎沒有不同。」但是，一些牛頓的追隨者對事態的發展卻沒有如此樂觀。例如，沃利斯便認為牛頓有關流數的觀念，正以萊布尼茲微分學的名義在歐陸流傳著，於是，他在 1692 年開始彙編的《數學成果》(*Opera Mathematica*) 中，極力催促牛頓允許他收錄一些關於牛頓微積分的文章，並不時主動提及或摘錄牛頓的成果。這個時候，牛頓與萊布尼茲的關係都還沒有惡化到很嚴重的地步。1693 年 3 月，萊布尼茲曾寫信給牛頓，竭力想要恢復他們之間的通信，而牛頓後來在 10 月回信時的措辭也很有禮貌，更重要的是，在兩人的信中都看不出任何一丁點對於剽竊的憤怒或指責對方的意味。

不幸的是，雙方陣營的參與者後來一連串的舉措，導致衝突愈演愈烈。西元 1696 年 6 月，萊布尼茲的擁護者之一——約翰・白努利以

「**最速降線**」問題挑戰世界上「最精明的數學家」，他祕密地給了萊布尼茲一個副本，同時又將副本送給牛頓和沃利斯，此舉無疑是對牛頓方法的公開挑戰。不久之後，牛頓透過化名的方式把答案送給了皇家學會，不過，當白努利後來看到它時，馬上便猜出了作者是牛頓，他說他「從利爪認出了獅子」。西元 1699 年，萊布尼茲針對早先發表於《博學學報》(*Acta Eruditorum*) 上的最速降線問題的解法，寫了一篇回顧，並當成是他的微積分之一種成功示範，同時提到還有一些人——包括牛頓在內——也解決了這個問題，然而，他卻暗示牛頓是用了他的微積分才得以解決問題。當然，白努利也認為除了符號之外，兩個人的方法沒什麼不同，而既然萊布尼茲先發表了，那麼，他理當享有一切的榮耀。這下子，包括牛頓本人及他的追隨者徹底被惹惱了。

牛頓的追隨者兼好朋友，搬到英國居住的瑞士數學家丟勒 (Nicolas Fatio de Duillier, 1664–1753) 將一篇分析最速降線解法的長論文交給皇家學會，在裡頭他以極具煽動性的言語，暗示萊布尼茲有可能「借用」了牛頓的成果。對於丟勒的做法，萊布尼茲顯然被激怒了，但他依然相信此舉並非牛頓授意的，並且在《博學學報》上就他自己的行為舉止發表一份辯解。原本丟勒想要回應這個辯解，不過，卻被《博學學報》的編輯拒絕。於是爭端得以平息了好一陣子。

西元 1704 年，牛頓出版《光學》一書，並將《曲線求積術》收為其中的一篇附錄，此時顯然他已經開始把萊布尼茲當成對手。隔年，萊布尼茲以匿名的方式評論牛頓的《光學》，他指出這本書的兩個數學方面的附錄有錯誤，並以法布里 (Honoré Fabri, 1608–1688) 在其《幾何學大綱》(*Synopsis geometrica*, 1669) 中抄襲卡瓦列里 (Bonaventura Cavalieri, 1598–1647) 想法的事件做類比，暗示牛頓在該書和其他作品裡頭，使用「相較遜色」的流數法，來取代他的微積分，而牛頓很快便懷疑這些評論的作者就是萊布尼茲。

西元 1708 年 10 月，凱爾 (John Keill, 1671–1721) 在《哲學彙刊》(*Philosophical Transactions*) 發表論文，內容當中有這麼一段陳述：「流數法無疑是牛頓首先發明的……但是在後來，萊布尼茲博士用化名和不同的標記方式，在《博學學報》上發表了同樣的演算法。」牛頓一開始還對凱爾私自寫下這篇文章感到很火大；然而，凱爾通過精心策劃，把這篇論文和萊布尼茲的回顧文一起送到皇家學會，順利地將牛頓的怒火轉到萊布尼茲身上。

基於種種原因，萊布尼茲一直到西元 1710 年才看到凱爾的這篇文章。他在 1711 年 2 月寫信向皇家學會抗議，他說在沃利斯的《數學成果》出現「流數」之前，從來都沒有聽過這個詞，甚至在 1676 年，牛頓寫給他的信裡也找不到這樣的字眼，因此，他要求皇家學會成立一個調查委員會查明真相。萊布尼茲的做法真可說是不智之舉！首先，牛頓時任皇家學會的主席，萊布尼茲根本就是在太歲頭上動土；其次，因為王位繼承的問題，當時整個英國相當仇視漢諾威家族，而萊布尼茲恰巧與漢諾威家族有著深厚的關係。想當然耳，這個調查委員會所得到的結果會偏向誰。1713 年，皇家學會的調查委員會以匿名的方式發表了調查報告〈通報〉，[14]內容不出所料地非常偏袒牛頓。同年 5、6 月，凱爾又在一本法國的文學雜誌發表了一篇文章，將這場爭議公諸於一般大眾。沒多久，約翰・白努利批評牛頓的《原理》，他說牛頓的某些數學評論就只是「炒冷飯」而已。

西元 1714 年，萊布尼茲發表他的《微積分的歷史和起源》(*Histria et Origo Calculi Differentialis*) 來反擊凱爾的批評，並向英國數

---

[14] 根據史家看法，這篇調查報告由牛頓親筆撰寫。

學家解釋他的方法並非是來自於牛頓所給的答覆。牛頓則是匿名在《哲學彙刊》發表了一篇關於〈通報〉的評論，試圖表明自己的微積分優於萊布尼茲。

西元 1716 年，爭端持續擴大。萊布尼茲轉而攻擊牛頓關於宇宙以及上帝的哲學觀念。不幸的是，萊布尼茲在這年的 11 月 14 日過世。然而，牛頓對萊布尼茲的敵意並沒有因此而消弭，1722 年，他安排發表〈通報〉的第二版，再次清楚地呈現他對萊布尼茲的傷害。1728 年，《原理》的第三版發行，牛頓在裡頭完全刪除了所有曾在第一版出現過的有關萊布尼茲的內容。

牛頓和萊布尼茲這兩個人，到底是誰剽竊了誰的成果？這兩個人所屬陣營之間的戰火，並沒有隨著兩人的逝世而停歇，雙方的追隨者讓這個爭端持續不斷。一直到二十世紀為止，透過長期的歷史研究，這樣的混亂狀態才終於獲得收拾。

歷史研究的最終結果顯示：他們兩人基本上在相同的數學領域上都找到了新的方法，而雙方也應該都沒有過任何形式的剽竊。牛頓的流數法完成於 1665 至 1666 年間，或者以 1671 年完成的《論級數方法與流數法》來算，牛頓在創作的時間上是先於萊布尼茲的；不過，萊布尼茲在 1684 年發表關於微分的論文，卻是比牛頓的第一篇論文——1704 年《光學》附錄的《曲線求積術》足足早了二十年！

最後值得一提的是，這場關於優先權的爭端，隔著英吉利海峽，讓數學和科學有了截然不同的發展：英國數學家堅持力挺自家人，只使用牛頓的流數法和記號；而歐陸卻在萊布尼茲「死忠」追隨者的宣導與投入下，以其微積分為基礎，在十八世紀取得飛快的進步，大大超越了同時代英國數學家，數學這一門學問的權威中心也因此轉移至德國。這樣的結果，絕對不是當初雙方投入這場爭端能夠預想得到的。

為了說明這場論戰的勝負背景，數學史家葛羅頓－吉尼斯列出雙方陣贏的代表人物。截至 1730 年代中葉為止，牛頓陣營的旗號手包括有我們熟悉的人物，例如棣美弗、格列高里、哈雷、麥克勞林 (MacLaurin)、史特林 (Stirling)，以及泰勒 (Taylor) 等等，至於萊布尼茲這一邊，則有白努利家族的尼古拉一世、雅各、約翰及其子丹尼爾，再加上歐拉等人。雙方陣式擺開，高下立判，因為十八世紀的偉大數學家都在萊布尼茲這一陣營（參考《數之軌跡 IV：再度邁向顛峰的數學》第 1 章）。其中，葛羅頓－吉尼斯尤其指出，雅各的一位徒弟赫曼 (Jacob Hermann, 1678–1733) 開創萊布尼茲微積分在力學研究上之先河，「歷史會說話」，這一場論戰終於大勢底定了。[15]

 柏克萊主教的《分析學者》與基礎論戰

十八世紀早期，大多數使用微積分技術的數學家面對其基礎，也就是無窮小量的問題：這個量有時候不為 0（可以相除求比值）；有時候又是 0（可以捨棄），並不會特別感到憂心。事實上，這個基礎問題會被深入討論，並不是因為數學家在應用此一新技術時，遇到了什麼樣的困難，反而是由一群「自稱」數學家的局外人最先提出批判，他們認為科學必須建立在穩固的基礎上，才有可能獲致真理。在這些局外人當中，最有名的首推主教柏克萊 (Bishop George Berkeley, 1685–1753)，他同時也是一位著名的哲學家。

因為憂心由數學家所激發的決定論與機械論哲學對宗教造成嚴重威脅，柏克萊主教於 1734 年出版《分析學者》(*The Analyst*)，其副標

---

[15] 參考 Grattan-Guinness, *The Fontana History of Mathematical Sciences*, pp. 240–241。

題十分冗長，但非常值得引述如下：

> 分析學者或致送異教徒數學家的一篇論述。當中，我檢視了現代分析學的對象、原理與推論，較諸宗教的奧義和信仰要點，構想是否更清晰，演繹是否更有據。「先除去你眼裡的梁木，自己看得清楚以後，才能拔除你兄弟眼中的刺」。
> (*The Analyst, Or A Discourse Addressed to an Infidel Mathematician. Wherein It is examined whether the Object, Principles, and Inferences of the modern Analysis are more distinctly conceived, or more evidently deduced, than Religious Mysteries and Points of Faith. "First cast out the beam out of thine own Eye; and then shalt thou see clearly to cast out the mote out of thy brother's Eye."*)

從這個冗長的標題，我們可以很清楚地看出他想要批判的對象，儘管標題中異教徒指的是哈雷。在該篇中，柏克萊一針見血地指出：數學家們採用的方法是歸納而非演繹，同時，他們也沒有替進行的步驟提供邏輯上的解釋。他批評牛頓的諸多論證方式，例如，他認為在《曲線求積術》裡，牛頓先給 x 附上增加量，然後再令其為 0，這違反了矛盾律，而且所得的流數是 $\frac{0}{0}$。他評論牛頓的「瞬」這個東西：

> 既不是有限的量，也不是無窮小的量，又不是完全沒有，難道不能稱作是消逝量的鬼魂嗎？

另外，他也抨擊萊布尼茲的無窮小量想法：

> 萊布尼茲和他的追隨者在他們的微分學裡一點都不嚴謹，先是假設有，接著又捨去無窮小的量，這種作法在理解上能算是多清晰？在推理上又算得上多公正？任何有想法的人只要不預存支持他們的偏見，一定都可以輕易地看得出來。

針對《分析學者》的攻擊，有許多數學家紛紛做了回應。舉例來說，朱林 (James Jurin, 1684–1750) 在 1734 年發表的《幾何學，不支持無神論者》(*Geometry, No Friend to Infidelity*) 中，曾經嘗試要去解釋牛頓的變量（不可分的）和流數（連續變數），不過卻功虧一簣。1735 年，羅賓斯 (Benjamin Robins, 1707–1751) 在他的論文《關於牛頓爵士的流數法以及首末比的本質與確定性》裡，[16]也拒絕無窮小量的觀念。他略去牛頓的「瞬」，但強調流數和首末比，並藉此替極限下定義：「我們將首末比定義為極限，透過它，變數雖然沒辦法絕對相等，卻可以做到任意程度的接近。」麥克勞林 (Colin Maclaurin, 1698–1746) 在其《流數論》(*Treatise of Fluxions*, 1742) 中試圖建立微積分的嚴密性，以作為對柏克萊的回應。跟牛頓一樣，麥克勞林也偏愛幾何，因此，他嘗試以希臘幾何學的方法——逼近法來建立流數說，並希望藉此躲開極限。雖然這是一項值得推崇的努力，但他最後亦仍未尋得真理。

其後，包括歐拉、拉格朗日 (Joseph-Louis Lagrange, 1736–1813) 等人在內，幾乎可以說每一位十八世紀的數學家（見《數之軌跡 IV：再

---

[16] 英文名銜很長，如下：*A Discourse Concerning the Nature and Certainty of Sir Isaac Newton's Method of Fluxions and of Prime and Ultimate Ratios*。

度邁向顛峰的數學》第 1 章)，都在微積分的邏輯基礎上下過工夫。從今日的「後見之明」來看，其中雖然有一、兩位走對了路線，但大部分的努力卻都功敗垂成。這點從法國哲學家伏爾泰 (Voltaire, 1694–1778) 評論微積分的說法可見一斑，他說這是一種**「對於其存在性難以接受的東西之測度和衡量的技術」**。直到十九世紀初，柯西 (Augustin Louis Cauchy, 1789–1857) 決定把微積分的基礎擺在極限的概念上，微積分基礎的嚴密化之工程，才稍稍有些重要的成果出現。

4.11 數學家的地位與相互的交流

從古希臘時代開始，人們就時常會根據對大自然的研究有多少貢獻來認定數學的價值。直至 1550 年代，數學都還只是經驗的理想化或抽象化——儘管當時負數和無理數已經出現並慢慢地被接受。然而，當複數——代數從文字係數得到的突破——以及導數觀念登場之後，數學就被人類心智中產生的觀念所左右，雖然它們可能在物理現象上有直觀的基礎，它們的智慧創意仍然是最主要的成分。數學家不再只是將實體世界理想化、抽象化，他們也會進一步自己創造觀念，而這些新觀念往往在自然研究上會有用處，因為它們與物理實體或多或少都有些關聯。最初，在還沒釐清這些新觀念（像是微積分）的出身背景之前，歐洲人對於它們都頗感迷惘或者抱有疑慮，然而，隨著這些觀念陸續被證實有許許多多的用途以後，數學家（科學家）便從原本的裹足不前，轉而變成趨之若鶩。

隨著數學領域的擴張，再加上數學觀念能讓物理結論趨於完備，科學和數學的界線變得愈來愈模糊不清。有趣的是，當科學越是依賴數學以獲得物理結論時，數學就越是依賴科學成果，以驗證其自身的程序，而這種相互依存的結果，就是各支科學和數學明顯地融合在一起。十七世紀（甚至是十八世紀）人們所理解的數學，從但斯查理斯 (C.-F. M. Deschales, 1621–1678) 曾經風靡一時的《數學的世界與教程》（*Cursus seu Mundus Mathematicus*，初版 1674 年，1690 年又出增訂版）就可以看出大概的輪廓：除了算術、三角和對數，他也討論了實用幾何學、力學、靜電學、地理學、磁力學、土木工程、木工、裁石、軍事設計、流體動力學、流體靜力學、水利、造船、光學、透視、音樂、軍火大砲設計、觀象儀、日晷儀、天文學、曆書推算、天象，最後還收錄了代數、不可分量 (indivisible) 理論、錐線理論，以及像是求方曲線和螺線等等的特殊曲線。

就像前面曾經提到過的，微積分的興起引發了一連串對於數學概念嚴謹性的爭論。不過，隨著代數及微積分日漸擴展的內容和應用，數學家對於嚴謹性的擔憂也慢慢地消失。除此之外，十七、十八世紀時，最偉大的數學功臣多是轉業又或者往往身兼數職，像是牛頓，比起身為數學家，他可說是更卓越的物理學家；費馬在他大部分的職業生涯當中，都待在圖盧茲擔任律師；笛卡兒是物理學家，巴斯卡則是一位哲學家，兩人都擁有能夠讓自己獨立的經濟基礎；而萊布尼茲在物理和工藝方面，像是液壓沖床、風車、潛水艇、抽水機及照明等的設計，也多有著墨和貢獻。

事實上，要指出這個時代哪一位是不熱衷於科學的數學家是非常困難的，這些人並不希望強行給這兩種領域做明顯的區分。笛卡兒在他的《探求真理的指導原則》(*Rules for the Direction of the Mind*) 中說：[17]「數學是一種度量和秩序的科學，除了代數和幾何之外，還包

---

[17] 笛卡兒大約在 1628 年或早先幾年開始著手撰寫，在他生前並未出版，直到 1684 年才出現德文譯本，而 1701 年才有拉丁文版本。

含天文、光學、音樂和力學」；牛頓在《原理》中寫道：「在數學中，我們藉著力之比值來探討已知條件的力之大小；當我們進到物理時，則是透過自然現象來比較這些力的比值」，此處的物理，指的是實驗與觀察，牛頓的數學今天被視為是「**數學物理學**」**(mathematical physics)**。

因為這些原因，我們就不難想像原本吹毛求疵的數學家，何以甘願於建立在試誤探索（卻不是演繹推理）而得的基礎上進行演算。他們所關注的主要是科學方面的問題，只要能順利地用數學觀點處理這些問題，他們就不會急於想再對這些新的建樹，去尋求真正的了解或嘗試建立符合（希臘古典數學）要求的演繹結構。事實上，只要偶爾向哲學或形上學求援，似乎就足以掩藏一些難題了。

總之，這些都是數學家在其學術地位逐漸提升時，面對數學知識及其實作，必須關注的一些學術交流議題；其中最受矚目的，當然是優先權的爭議。此外，外在因素譬如數學家如何進入正規的體制（如科學院）工作等等，也不容忽視。至 1550 年代為止，數學是由個人或是由一、二位傑出領導者所帶領的小團體創造出來，譬如 1540 年代，卡丹諾與費拉里師徒的三、四次方程的根式解。數學成果的交流往往只有口頭形式，偶爾才會出現在文本上，但也都一直保持是手稿的形態。又因為複本只能藉由手抄來完成，所以，數量非常稀少。到了十七世紀，印刷的書籍已經相當普遍，然而，由於高等數學的市場很小，出版商必須付出很高的成本，肯犧牲的印刷匠畢竟還是少數。再加上一部作品發表之後不久，作者通常就必須面對來自對手的諸多攻擊，尤其因為當時代數和微積分完全缺乏邏輯的背景，要找到一、兩個理由來進行批評並不算太難。於是，許多數學家只在和朋友往來的信件裡，才會提及他們的發現；另外，為了防範信件被某些有心人士取得，他們通常都會利用暗碼或者透過字謎的方式書寫，以便在受到挑戰時，能夠將內容解譯出來。

隨著愈來愈多的人參與數學的創建工作，交換資訊的需求以及共同參與的激勵，促成科學社群與學會的形成。1601 年，一群年輕的貴族在羅馬建立「山貓學會」(Accademia dei Lincei)，這個學會持續了三十年之久，1611 年伽利略曾加入而成為會員。另一個義大利的「奇芒托學會」(Accademia del Cimento)，是由伽利略的兩位弟子博雷利 (Giovanni Alfonso Borelli, 1608–1679) 與維維亞尼 (Vincenzo Viviani, 1622–1703) 於 1657 年在佛羅倫斯創立，並獲得了麥迪西家族的資助。

在法國，自西元 1630 年以來，笛沙格、笛卡兒、伽桑狄 (Pierre Gassendi, 1592–1655)、費馬、巴斯卡等人在梅森 (Marin Mersenne, 1588–1648) 的帶領下參與私人聚會。這個非正式的團體在 1666 年由於財政大臣柯爾貝 (Jean-Baptiste Colbert, 1619–1683) 的支持推動，而獲得路易十四的賜名為皇家科學院 (Académie Royale des Sciences)，院士（或會員）還獲得支薪，讓英國皇家學會的會員非常吃味。此外，巴黎科學院還聘請外籍學者榮任院士，包括義大利的卡西尼和荷蘭的惠更斯。

同樣地，西元 1645 年開始在英國有一個以沃利斯為中心的團體，定期於倫敦格雷沙姆學院 (Gresham College) 舉行聚會，這些人專注在數學和天文學上的研究；1662 年，查理二世給予這個團體正式的認可，並將之收編為皇家學會（一開始設在倫敦），以促進自然知識的發展 (Royal Society of London for the Promotion of Natural Knowledge)。這個學會的宗旨是把數學和科學加以應用，並以染色、鑄幣、彈道、冶金及人口統計為主要業務。前文提及牛頓曾經擔任此一學會的會長，尤其是他與萊布尼茲有關微積分優先權論戰時，他不無「利用」此一職權之嫌。

另一方面，柏林科學院在萊布尼茲提議籌設幾年之後，終於在 1700 年開張，而萊布尼茲就是其第一任院長。至於在俄羅斯，1724 年彼得大帝設立了聖彼得堡科學院。這兩個科學院後來就曾經網羅兩位偉大數學家歐拉及拉格朗日，請參考《數之軌跡 IV：再度邁向顛峰的數學》第 1 章。

這些建制 (institution) 在當時都具有相當大的重要性，它們不只促成科學觀念的接觸與交流，同時，也激勵了學術刊物的出版。例如，法國科學院就著手創辦《皇家科學院暨數學與物理學史紀念冊》；[18]另一份早期的科學刊物——《博學學報》於 1682 年出版，因為是拉丁文版本的關係，它很快就成為國際性的刊物。另一方面，柏林科學院則贊助《皇家科學院與文學院史》的發行。[19]

這些學會、科學院及刊物為科學的交流開拓了新的途徑；連同後來陸續發行的專門刊物成為發表新研究成果的平臺，而多數學會對科學家的支持也促進了研究的發展。例如，歐拉和拉格朗日分別在 1741 到 1766 年，以及 1766 到 1787 年得到柏林科學院的支持；聖彼得堡科學院也多次支助丹尼爾・白努利 (Daniel Bernoulli, 1700–1782) 與尼古拉・白努利 (Nicholas II Bernoulli, 1695–1726)，並從 1727 到 1741 年，還有 1766 到 1783 年歐拉辭世為止，該科學院二度給予他多方面的支援。故事的細節將在《數之軌跡 IV：再度邁向顛峰的數學》第 1 章進一步說明。

---

[18] 此一期刊之名銜為 *Histoire de l'Académie royale des sciences avec les Mémoires de Mathématique et de Physique*。

[19] 此一期刊之名銜為 *Histoire de l'Académie Royale des Sciences et Belles-lettres*。

總之，由歐洲各國君王所設立的科學院，足以見證官方正式踏進了科學的領域以及對科學的制度化支持，科學的實用價值至此已經被確認（參考圖 4.7）。

圖 4.7：科伯爾為路易十四介紹法蘭西科學院院士

NOTE

第 5 章

中國數學：西方數學文化的交流與轉化之另一面向

5 中國數學：西方數學文化的交流與轉化之另一面向

西元 1607 年，徐光啟 (1562–1633) 與利瑪竇 (Matteo Ricci, 1552–1610) 兩人合譯的《幾何原本》刻本問世，標誌著西方數學有系統地引入明代中國。1905 年，張之洞 (1837–1909)、袁世凱 (1859–1916)、趙爾巽 (1844–1927) 等各省督撫聯銜會奏，促請清廷廢除實行一千三百年的科舉制度，以利學堂的推廣。這個舉措代表中國的教育制度與現代教育制度的接軌，連帶著中國傳統數學邁向數學的現代化歷程。

就發展結果來看，這三百年中國數學（中算）的發展趨勢，顯然是納入了西方現代數學的主流。並且，晚清時期出現具有數學專業意識的學者群體，迅速與現代數學接軌。換言之，這三百年的中國數學發展，傳入的西方數學（西學）與中國傳統數學彼此間如何互動與對話？其中，內在的知識因素、外在的社會因素發揮了什麼作用？這些都是我們在本章中，以數學史為例，試圖回應的中國近代史議題。

5.1 《幾何原本》(1607) 與西學第一次東傳

《幾何原本》前六卷的出版，標誌著西學（主要是天文學和數學）第一次東傳的開端。它所造成的影響，梁啟超認為：

> 明末有一場大公案，為中國學術史上應該大筆特筆者，曰：歐洲曆算學之輸入。……要而言之，中國智識線和外國智識線相接觸，晉、唐間的佛學為第一次，明末的曆算學便是第

> 二次。在這種新環境之下，學界空氣當然變換。後此清朝一代學者，對於曆算學都有興味，而且最喜歡談經世致用之學，大概受到利、徐諸人影響不小。[1]

在討論清代學術發展如何受到此次西學傳入的影響前，先來說明利瑪竇與徐光啟為何要引入西方的數學和天文學。

利瑪竇出生義大利，1561 年進入耶穌會學校學習，1571 年加入耶穌會，並進入耶穌會羅馬神學院學習修辭學與哲學課程，期間或許也參加過克拉維斯 (Christopher Clavius, 1538–1612) 開設的研究課程。[2] 至少他向中國學者介紹第一部歐洲數學著作，就是以克拉維斯 1574 年拉丁文《幾何原本》評注本 (*Euclidis Elementorum Libri XV*) 為底本。

西元 1582 年 8 月利瑪竇抵達澳門，展開傳教工作，經過一番摸索後，他擬定出「科學傳教」的策略，成功在士大夫階層造成迴響，徐光啟正是其中之一，並受洗成為教徒。1604 年，徐光啟考中進士，此後更利用師生及科舉的人脈網絡宣揚西學和西教。除了有關信仰和道德的書籍，徐光啟希望出版一些關於歐洲科學的書籍，利瑪竇接受了他的想法。由於《幾何原本》「未譯，則他書俱不可得論」。1606 年，兩人開始合作翻譯，次年春天完成《幾何原本》前六卷。[3]

---

[1] 引梁啟超，《中國近三百年學術史》，頁 10–11。

[2] 當時克拉維斯為該學院的數學教授，致力提升當時處於低下的數學學科之地位，開設若干研究課程，這些課程的特色是歐氏幾何為核心，重視製造與使用天文儀器。在利瑪竇〈譯《幾何原本》引〉所稱的「丁先生」就是克拉維斯，可能來自 Clavius 的德語 Klau。參考安國風，《歐幾里得在中國》，頁 51–61。

[3] 原本徐光啟希望將《幾何原本》十五卷全部譯出，但利瑪竇建議稍緩。1852 年，李善蘭與偉烈亞力兩人合作進行後九卷翻譯。一直到 1865 年，曾國藩出資在金陵刊行《幾何原本》十五卷本，此書出版才告完成。

《幾何原本》書名中的「幾何」並非幾何學 (geometry) 的音譯，而是泛指數學所有領域的意思。各卷內容概述如下：卷一有界說 36 則，介紹幾何概念的定義、求作（公設）4 則、公論（公理）19 則，[4]以及命題 48 題（包括三角形、垂直、平行及不等、全等形種種幾何關係）；卷二則是利用幾何形式敘述代數問題；卷三討論圓、弦、切線、圓周角、圓內接四邊形，以及與圓有關的圖形；卷四為圓內接與外切三角形、正方形、正多邊形；卷五有關比例理論的討論；卷六則是將比例論用於幾何圖形上，處理相似直線形中各種成比例的線段問題。

不同於傳統中算的九章分類，利瑪竇在〈譯《幾何原本》引〉將數學「二分」為「**數**」與「**度**」。事實上，「**度數**」一詞出自《周髀算經》卷下，這樣的稱呼，讓傳入的西方數學與中國傳統數學有了連結，產生合法性的基礎。同時也巧妙地開拓出邏輯推理的歐氏幾何發展之空間。接著，利瑪竇暢談數學的各種應用，結合晚明的實學風潮，期以吸引那些心憂天下、關懷務實之學的知識分子。無疑地，這正是徐光啟對於西學重視的原因。[5]

因為參與《幾何原本》的翻譯工作，徐光啟深刻理解西方數學立論的基礎——「**明**」（確定性）的特性，以及邏輯結構的特色。[6]為了

---

[4] 這個版本與所謂的 Heath 版（被公認為最貼近原始的典籍）不同，後者可參考《數之軌跡 I：古代的數學文明》第 3.4 節。Heath 版《幾何原本》(*The Elements*) 的設準 5（等價於平行公設）在克拉維斯的這個拉丁文版中，被移成第 11 公論，其意義當然不同。徐、利版之體例可參考洪萬生，〈華蘅芳與《幾何原本》〉。

[5] 徐光啟在〈刻《幾何原本》序〉也提到：「周官六藝，數與居一焉，而五藝者不以度數從事，亦不得工也。」郭書春主編，《中國科學技術典籍通彙》數學卷五，頁 1151。

推廣《幾何原本》的應用，徐光啟與利瑪竇又合譯《測量法義》1 卷 (1608)，自撰《測量異同》1 卷 (1608) 與《句股義》1 卷 (1609)，展現了《幾何原本》為「度數之宗，所以窮方圓平直之情，盡規矩準繩之用也」。[7]也就是說，想要了解數學，以及使用測量工具，《幾何原本》是不可或缺的。更重要的是，將《幾何原本》形塑成「西學之條約也」。[8]

因此，當徐光啟用相同標準審視明代算學，顯然一無可取：

> 算數之學特廢於近世數百年間爾。廢之緣有二：其一為名理之儒土苴天下之實事；其一為妖妄之術謬言數有神理，能知來藏往，靡所不效，卒於神者無一效，而實者亡一存。[9]

他將明代數學衰敗的原因歸於士人對於實用問題的鄙棄，以及「謬言數有神理」。這或許與他想將西方數學引入中國的立場有很大的關係。

對比於宋、元數學的極致發展，中國傳統數學在明代急遽衰落是不爭的事實。然而，明代數學的發展，從 1450 年吳敬的《九章算法比

---

[6] 徐光啟對《幾何原本》邏輯結構的讚賞，可見《數之軌跡 I：古代的數學文明》第 5.3 節。

[7] 徐光啟，〈刻《幾何原本》序〉，郭書春主編，《中國科學技術典籍通彙》數學卷五，頁 1151。

[8] 「凡學算者必先熟習其書，如釋某法之義，遇有與《幾何原本》相同者，第註曰見《幾何原本》某卷某節，不復更舉其言，惟《幾何原本》所不能及者，始解之，此西學之條約也。」見永瑢，《欽定四庫全書總目》卷 106，《景印文淵閣四庫全書總目》第三冊，頁 289。

[9] 徐光啟，〈刻《同文算指》序〉，郭書春主編，《中國科學技術典籍通彙》數學卷四，頁 77–78。

類大全》到 1592 年程大位 (1533–1606) 出版《算法統宗》的一百五十年間，「絕對是數學知識的商業化與世俗化，其中特別伴隨著士、商合流的社會文化運動，堪稱是數學史上『**在地數學**』(**mathematics in context**) 的最佳例證之一。」[10]事實上，《算法統宗》在清代廣泛流傳，是許多人學習中國傳統數學的來源。[11]李之藻 (1571–1630) 和利瑪竇譯編《同文算指》(1614) 時，直接取用不少《算法統宗》的題目，以凸顯西方筆算方法的長處。[12]然而，傳教士與西學在中國得以站穩根基，曆法修訂是重要關鍵。

與數學發展相似，天文學到了明末也面臨著典籍失傳，制曆方法無人通曉，使用兩百六十多年的《大統曆》未曾修改，早已推算失據。徐光啟奏請使用西洋新法修曆，在崇禎皇帝的支持下，徐光啟在 1629 年開局修曆，到 1633 年病逝，續由弟子李天經 (1579–1659) 接手曆局工作，[13]到 1635 年共完成 137 卷書籍，並刊刻出版，合稱《崇禎曆書》。可惜的是，這部曆書雖屢次測驗交食結果皆無誤，但在保守勢力的阻擾下，終未能在明代實行。明清革鼎之際，湯若望 (Jean Adam Schall von Bell, 1592–1666) 在《崇禎曆書》的基礎上，加以整理改編重新刊印，改名為《西洋新法曆書》100 卷，進呈清廷。同時，向清廷舉證西法的優越性。1645 年，湯若望被任命為欽天監監正，並頒行

---

[10] 引洪萬生，〈明代數學與社會：1368–1607〉，頁 412–417。

[11] 談天三友的李銳就是一個很好的例子：「從書塾中檢得《算法統宗》，心通其義，遂為九章、八線之學。」見羅士琳，《續疇人傳》卷 50，頁 657。

[12] 《同文算指》承繼《算法統宗》至少有 22 題之多。見陳敏皓，〈《同文算指》之內容分析〉。

[13] 李天經此時已經入教，是被徐光啟選定為治曆接班人的因素之一。黃一農，《兩頭蛇：明末清初的第一代天主教徒》，頁 97–98。

依《西洋新法曆書》編制的《時憲曆》。傳教士也在此後近兩百年間，得以西法接續擔任欽天監監正或監附等要職。[14]

徐光啟此次開局修曆，對於清代學術發展影響的深遠。首先，他強化引進西人和西法的正當性，特別提到洪武年間引進西法的事例，「其測天之道，甚是精詳，豈非禮失而求之野也乎？」讓耶穌會士鄧玉函 (Johann Terrenz, 1576–1630)、湯若望與羅雅谷 (Giacomo Rho, 1590–1638) 等人得以參與曆法改制的工作，因而使得欽天監成為十七世紀中、西文化交流的主要接觸點之一。這對擬定「科學傳教」為策略的耶穌會士，無疑是重大突破。

其次，徐光啟持續鼓吹數學知識的應用價值，有助於提升數學知識的位階。例如，潘耒 (1646–1708) 為梅文鼎《方程論》(1690) 撰序時，寫道：「數雖居藝之末，而為用甚鉅。測天度地非數不明；治賦理財非數不核；屯營布陣非數不審；程功董役非數不練。」再者，就《崇禎曆書》的內容來看，它是一部百科全書式的天文著作，引進歐洲近代天文學知識，包括天文學基本理論、相關的數學知識、天文表、天文儀器等。「《崇禎曆書》刊行以後，治曆學者驟盛。」[15]通過曆法的學習，隨著傳教士所傳入的西方數學，得以廣泛流傳。那麼，哪些西方數學知識被引進中國呢？

在開局修曆前，中國士人與傳教士的學術往來是私人閒暇活動，間接提升傳教士的社會地位，內容決定權在傳教士，主要是利瑪竇，

---

[14] 除楊光先發動曆獄的期間外，常由傳教士擔任欽天監監正或監附，最後一位任職的教士高守謙在道光六年 (1826) 因疾告假回歐。黃一農，〈湯若望與清初西曆之正統化〉，頁 465–490。

[15] 梁啟超，《中國近三百年學術史》，頁 208。

最重要的數學著作是《幾何原本》與《同文算指》。事實上，《同文算指》是清代許多士人學習數學的主要參考，並經由此書得知許多傳統中算的相關內容。開局修曆後，交流對象（曆局人員）與場域（曆局）變得固定，傳教士的角色像是科學顧問，數學內容則與制曆有關，主要為幾何學、平面三角、球面三角、對數和伽利略所發明的比例規（稱為尺算或度算）。比較重要的數學譯著有：《大測》（兩卷，鄧玉函譯撰，1631）、《測天約說》（兩卷，鄧玉函譯撰，1631）、《測量全義》（十卷，羅雅谷譯撰，1631）、《比例規解》（一卷，羅雅谷譯撰，1630）、《籌算》（一卷，羅雅谷譯撰，1628），以及數表《割圓八線表》(1631)。[16]

這些西方數學如何被當時的中國算學家所消納吸收？被譽為「**國朝算學第一**」的梅文鼎無疑是值得觀察的個案代表。

5.2 梅文鼎、康熙與《數理精蘊》(1723)

梅文鼎 (1633–1721)，字定九，號勿庵，安徽宣城人。梅氏為世族大家，文鼎從父親與塾師羅王賓習得天文知識，二十七歲時從道士倪觀湖得到欽天監交食法《交食通軌》，與其弟梅文鼐、梅文鼏共習之，稍稍發明其立法之故，補其遺缺，著《歷學駢枝》二卷，遂有學曆之志。

西元 1669 年，梅文鼎從方中通處獲知納皮爾算籌及比例規算。1675 年購得一部分的《崇禎曆書》，又借抄得穆尼閣《天步真原》及薛鳳祚《天學會通》等書，開始研究西方曆算學。由於他「凡推步諸

---

[16] 與現行三角函數定義不同，當時所引進的三角函數都是割圓的某些特定線段長，因此又稱為「割圓八線」。

書，人不能句讀者，先生讀之輒解，遇所疑處，輒廢寢食思之必通貫乃已」。而且「人有問者，亦詳告知無隱，期與斯世共明之」。稍後，以布衣身分受邀參與《明史》曆志文稿的校算與修訂工作，還被「裕親王以禮延至府中，稱梅先生不名」。在北京居留期間，更被李光地 (1642–1718) 延聘至家中坐館，教授李光地與幾位門下弟子曆算學，並在李光地的建議下，寫成《曆學疑問》二卷。梅氏在京師名聲漸開，連康熙皇帝都有耳聞，但並未會面。

西元 1702 年，李光地藉機向康熙皇帝進呈《曆學疑問》，讓康熙重新注意到梅文鼎，促成 1705 年康熙在德州召見梅文鼎，一連三天，康熙在船中接見梅文鼎，兩人談論曆算問題，並提及「**西學中源說**」的問題，埋下多年後梅氏對於此說理論建構的種子（見第 5.7 節）。梅文鼎則是應和著康熙對於西法的喜好，進呈《三角法舉要》一書。康熙對梅文鼎留下極佳的印象，會見後對李光地說：「曆象算法朕最留心，此學今鮮知者，如文鼎真僅見也，其人亦雅士，惜乎老矣。」1712 年，在陳厚耀 (1660–1722) 的薦舉下，梅文鼎孫子梅瑴成 (1681–1763) 被宣召入京，在蒙養齋算學館中侍讀，得到康熙皇帝親自指導。

梅瑴成年少聰慧，在梅文鼎的指導下學習，協助撰書、繪圖、布算或校對，成為其得力助手。1715 年，梅瑴成被賜進士出身，以翰林院編修擔任《律曆淵源》彙編官，為梅氏家族奠下深厚基礎，能不墜其家聲，以算學成為家族傳承之學。[17]最後，他更傾家族之力編訂文鼎算學著作，出版《梅氏叢書輯要》(1761)。[18]不過，梅瑴成對清代算

---

[17] 梅文鼎祖孫數代通算者不少，如文鼎弟文鼐、文鼏；子以燕；孫瑴成、玕成；曾孫鈖、鈁、鉁、鏐、(金彧)；及曾曾孫沖等人。

[18] 《梅氏叢書輯要》收入梅文鼎天文及數學著作 23 種 60 卷，並附錄梅瑴成的著作 2 種 2 卷。

學最重要的貢獻，是討論「**借根方**」與「**天元術**」的對比，[19]提出「天元一即借根方解」說法，使得金元算學家李冶（洞淵）集大成的天元術，得以復顯於世，開啟清代數學家會通中西代數學的工作（見第5.6節）。同時，也為「西學中源說」提供重要的具體例證。

此外，通過參與《數理精蘊》的編寫，梅瑴成「滲透」了梅文鼎的數學思想及研究成果，在這部清代最重要的西方數學百科全書的流傳下，梅文鼎對於清代數學的影響不容小覷。梁啟超如此評價梅氏：「致力曆算之普及著述，使曆算學得能成為清代顯學」；「讓算學脫離曆學的附庸，將學習之興味轉移到學算方面」；「治西算而印證以古籍，回復其價值，引領學者自覺，力求學問獨立之學風。」

不過，以梅文鼎一介布衣，能有如此巨大的學術影響力，李光地對於梅文鼎學術上的贊助，絕對是不容忽略的關鍵。李光地是1670年進士，同年改翰林院庶吉士。1689年，李光地隨康熙南巡，在南京觀星臺的問對無法令康熙滿意，藉故將他降調通政使司通政使。然而，康熙只是藉此炫耀他在天文曆法上的博學，並向漢臣宣示他喜好西法的立場。因此，迎合康熙對西方科學的喜好，就成了李光地的主要課題。他除了聘請梅文鼎坐館家中教授，更敦促梅氏完成《曆學疑問》，且出資刊刻，還藉機向康熙進呈此書，使康熙感受到他的用心。後來幾次曆算學的討論，李光地得到康熙的認同，並獲贈《幾何原本》和

---

[19] 有關天元術，請參考《數之軌跡 II：數學的交流與轉化》第4.2節。「借根方法」則由《數理精蘊》引進。該書卷三十三有一例題如下：「設如有一平方多三十六尺，與十三根等，問每一根之數幾何？」這是卡丹諾版的二次方程問題，如以現代符號翻譯，則其方程式如下：$x^2+36=13x$。至於其解法，則與現代公式解完全一致。參考洪萬生，〈清初西方代數之輸入〉。

《算法原本》。為了更加理解西方數學，李光地再度邀請梅文鼎傳授數學。此時，李光地正擔任直隸巡撫，門下有陳萬策、魏廷珍、王蘭生、王之銳、徐用錫等人。加上光地子李鍾倫，以及一起前來的梅文鼐、梅以燕及梅瑴成，齊聚李光地直隸巡撫衙門保定，一起研習曆算，相互問難，形成一個以梅文鼎為中心之曆算學士人的學圈。

西元 1703 到 1706 年，梅文鼎利用這個學圈的資源，培養出一批曆算學人才。對李光地而言，這些算學人才在他的薦舉下，成為編纂《律曆淵源》的主力，以迎合康熙的需求。根據史家波特 (Jonathan Porter) 對《疇人傳》的統計分析，清代從事科學活動（主要是曆算學）的士人交流網絡中，十七世紀時，梅文鼎與李光地都是重要的中心。李光地因其贊助人的角色而重要，梅文鼎則是以其教學及交流的角色顯得關鍵。然而，驅使士人願意投身曆算學研究，康熙皇帝扮演著非常重要的角色，作為歷史上唯一認真學習西方數學與天文學的君王，這些學問不僅是他的暇餘愛好，更是施展權術，治理帝國的工具。

年少時代的康熙，一即位就遇上「曆獄」事件，令他震驚的是，至關國家正朔的曆法，滿朝公卿大臣對於立法原理全然無知。這讓康熙意識到曆算知識或能成為他統治手段——凸顯滿族君主才能，懾服漢族大臣。康熙便以傳教士為師，學習天文學以及數學，並進行天文觀測與大地測量。他的學習非常投入，法國耶穌會士白晉 (Joachim Bouvet, 1656–1730) 曾生動記載康熙學習歐氏幾何學的情景：

> 皇帝旨諭我們用滿語進講《歐幾里得原理》，他勤奮用功，期望像教師那樣徹底掌握這些知識。……皇帝總是非常認真聽講，並反覆練習，親手繪圖，不懂即問。……同時，皇帝還

> 經常練習運算和儀器的使用，復習歐幾里得的主要定律，並努力將其推理過程記住。……通過五六個月的學習，康熙皇帝精通了幾何學原理，進步顯著，以至於一看到關於某個定律的幾何圖形，就能立即想到這個定律及其證明過程。[20]

事實上，康熙以帝王與學生的雙重身分，控制著傳教士們的教學，掌握了西學知識在中國的傳播。幾年下來，康熙積累足可炫耀的知識資本，再配合幾場精心策劃的表演，成功建立起君主威望，影響著士林學術的風向。

西元 1692 年正月，康熙在乾清宮的「表演」涉及音樂、圓周率、水流量計算等主題，而最重要的核心是數學。比如，他談到《律呂新書》:「所言算數，專用徑一圍三，……朕觀徑一圍三之法，用之必不能合。蓋徑一尺，則圍當三尺一寸四分一厘有奇。」便取出方圓圖，指著說:「所言徑一圍三，止可算六角之數，若圍圓，則必有奇零，其理具在目前，甚為明顯。」談到水流量的計算，則明確指出:「算數精密，即河道閘口流水，亦可算晝夜所流分數。其法先量閘口闊狹，計一秒所流幾何，積至一晝夜，則所流多寡，可以數計矣。」最後，還親自測量日影，令諸臣候視，「至午正，日影與御筆畫處恰合，毫髮不爽。」這場相當用心的表演，不僅讓在場大臣震撼，還被載入邸報流傳開來。

因此，官員若有數學素養，便能贏得康熙的注意，李光地因此重獲康熙的青睞。而梅文鼎學圈的陳厚耀、梅瑴成、王蘭生 (1679–1737)，以及欽天監出身的明安圖 (?–1765?)、何國宗 (?–1766) 等人都

---

[20] 白晉，〈康熙大帝〉，收入徐志敏、路洋譯，《老老外眼中的康熙大帝》，頁 29–30。

因此獲得賞識，成為康熙推動曆法改革的主力。1713 年，康熙下旨給誠親王胤祉：「爾率何國宗、梅瑴成、魏廷珍、王蘭生、方苞等編纂朕御製曆法、律呂、演算法諸書，並制樂器，著在暢春園蒙養齋開局。」此次曆法改革，源自康熙對欽天監傳教士作為的不信任，決意收回曆法制訂的權力。[21]為此目的，成立獨立於欽天監編制的算學館，且在編纂著書的過程中，排除傳教士的參與。

西元 1723 年編纂工作結束，完成《律曆淵源》100 卷，包含《曆象考成》42 卷、《律呂正義》5 卷，以及《數理精蘊》53 卷。事實上，《律曆淵源》不單是編輯書籍、曆法改革的工程。算學館的成立，集結許多具有曆算素養的學者參與編纂工作，且康熙更親自講授數學，可以知道數學的重要性。而且，演算法被獨立於曆法，集結而成《數理精蘊》，標幟著數學已經不再是曆法的附庸，數學得到更多的重視，知識位階隨之提升，對士人學習數學有著正面鼓勵作用。

進一步來看《數理精蘊》的結構與內容。全書 53 卷，分成上、下兩編，上編 5 卷，說明數學基礎理論的部分。卷一為《數理原本》，卷二至卷四為《幾何原本》，卷五為《算法原本》。下編 40 卷，則是介紹數學應用的各種分支，細分為首部、線部、面部、體部、末部。首部主要介紹度量衡、命位、加減乘除、約分、通分法則；線部則是比例、盈朒與方程等；面部包括開平方、勾股、三角形、割圓、平面形等二次方程及平面幾何問題；體部為開立方、各種立體、及堆垛等三次方程及立體幾何問題；末部有借根方比例、難題、對數比例和比例規解。最後，還有數表 8 卷，分別為八線表、對數表，以及八線對數表等。

---

[21] 詳見韓琦，〈從《律曆淵源》的編纂看康熙時代的曆法改革〉。

綜合看來，《數理精蘊》是一部以傳入中國，經過康熙認可的西方數學為主體，[22]融合當時理解的傳統數學（梅文鼎的研究成果），總結成的百科全書式之數學著作。值得強調的是，它只包含「可靠」的數學知識，即能夠「**證明為真**」的知識。例如杜德美 (Petrus Jartoux, 1668–1720) 引進的三個冪級數展開式，對於求取三角函數值相當便利。早在 1720 年以前，就為梅瑴成等人所知，也載入梅瑴成的《赤水遺珍》。然而，它們卻沒有收入《數理精蘊》。最可能的原因是，杜德美沒給出公式的證明和推導方法。半個世紀後，才由明安圖提出證明，掀起清中葉三角函數展開式的研究熱潮。

《數理精蘊》流傳甚廣，目前現存版本光是印刷本就有 30 種左右。同時，《數理精蘊》編成後，繼任的雍正、乾隆不像康熙如此喜好西學，也加強了禁教力道，西方數學無法再傳入中國。種種因素讓《數理精蘊》成為十九世紀末西方數學再度傳入中國前，士人學習西方數學的主要教材。正如數學史家韓琦指出：「因冠以御製的名義，故對清代數學產生了深遠的影響，乾嘉時期數學研究高潮的興起、十九世紀清代數學家成就的取得，都與《數理精蘊》密切相關，它在中國數學史上占有十分重要的地位。」

然而，乾嘉時期數學研究得以興盛，乾嘉學派所營造出的學術環境，是不可或缺的歷史場景。

---

[22] 傅聖澤 (Jean-Francois Foucquet, 1665–1741) 向康熙介紹符號代數失敗，以致相關內容未收進《數理精蘊》便是最佳例證。見洪萬生，〈清初西方代數之輸入〉，《孔子與數學》，頁 194–201。

5.3 乾嘉學派與《疇人傳》

史家張壽安認為在阮元學圈有計畫的推動下，透過探溯學術流變、辨析學問觀念，推動學術工作，重塑學人形象，大規模編書、出版，祀典更革等多樣的學術文化活動，進行「打破道統，重建學統」的學術工程。而以訓詁為手段的治經門徑，則開啟儒學知識的豐富資源，建立起多元的專門知識，舉凡文字、音韻、校讎、天文曆法、算學、醫卜、金石、水利、地理、小說等等都自成獨立學問。[23]至於如何建構起算學自秦漢以來的學術傳統與知識性質（此即「學統」的意涵），確立算學「專門之學」的地位，這個問題當從被錢穆稱「清代經學名臣最後一重鎮」的阮元和其學圈說起。

阮元 (1764–1849)，於 1789 年中舉後，多次出任地方學政督撫，又任兵部、禮部、戶部，最後累官至體仁閣大學士，1838 年致仕，回到揚州，1849 年逝世，享年八十六歲。西元 1823 年，弟子門生撰編《阮元年譜》，龔自珍推崇阮元的宦途功績，並將他的學術貢獻整理出十個專門類別，且逐一闡明該學門特色：訓詁之學（音韻、文字）、校勘之學、目錄之學、典章制度之學、史學（含水、地）、金石之學、九數之學（含天文、曆算、律呂）、文章之學、性道之學，以及掌故之學。

阮元學圈的形成，除了學識交流的相互吸引，他的學術贊助是最重要的因素之一。在清代以贊助、獎掖學者而聞名的學者型官員，阮元是最具影響力的一位。曾被他所延攬的學人有一百二十餘人，是清代規模最大的一個幕府。阮元幕府的學術成就最常為人稱道的有《山

---

[23] 張壽安，〈打破道統，重建學統——清代學術思想史的一個新觀察〉。

左金石志》(1797)、《經籍纂詁》(1799)、《疇人傳》(1799)、《兩浙輶軒錄》(1800)、《十三經注疏校勘記》(1806)，以及《皇清經解》(1829)等等。

自從戴震 (1724–1777) 揭示六書九數所蘊藏的豐富古代天文、地理、曆法、算術、動植物，以及典章名物的知識，都是明經之士所當從事的學問，開啟清儒治經重視專門之學的現象。與戴震相交甚深的錢大昕 (1728–1804)，也是乾嘉學者中甚早注重天文曆算的人物，更與之唱和。事實上，錢氏能考證正史天文、律曆之謬誤，正因其擁有天文曆算的深厚修養。

對阮元來說，顯然承襲算學明經的傳統。他「少治六經，涉及九數」，後來還因通曉算法而兼管國子監算學。出任地方學政時，延攬焦循 (1763–1820) 協佐，以數學試士，拔識不少善算士人。另外，他創建詁經精舍、學海堂等書院時，也常以算學課試。史家錢寶琮總結阮元撫浙時提倡算學的成就：「前後在浙幾十載，頗以提倡算學為己任。其所就約有三端：博訪逸書以廣學術之傳佈一也；編纂《疇人傳》以明算學之源流二也；以算學課諸生使知實學之足尚三也。於是兩浙學人研治天算之風氣為之大開，其有功藝苑，豈限於浙江一省而已哉？」

在提倡算學上，阮元不僅以算學課士，還有像是焦循協訪宋元秦、李算書，並交李銳 (1768–1817) 校算後刊刻出版，引起研究古算的熱潮，促使宋元算學復興，都是阮元的贊助支持，請見下一節討論。另一方面，《疇人傳》的編纂應該也忠實地反映這些活動之旨趣。

早在西元 1795 年，阮元便有編纂《疇人傳》的想法，1797 年與李銳商定體例，「開列古今中西人數及應採史傳天算各書」後，交由李銳編纂，並「令門生天臺周治平相助編寫諸書」，於 1799 年完成。[24]

《疇人傳》全書四十二卷，共二百三十三篇，上溯至三皇五帝，

下迄嘉慶四年 (1799) 的天文曆算，以及數學家，共二百四十三人；後四卷為附錄，收錄西洋人，共三十七人。每篇由傳、論兩部分組成，傳的內容是編者「掇拾史書，薈萃群籍，甄而錄之」。專注在傳主有關天文曆算、數學的行事、著述，並記其摘要、錄其序言。傳後的〈論〉，則（通常阮元所撰）對傳主進行評論，褒貶得失。

阮元自述出版《疇人傳》之目的，是想要藉此：「綜算氏之大名，紀步天之正軌，以諗來學，俾知術數之妙，窮幽極微，足以綱紀群倫，經緯天地，乃儒流實事求是之學，非方技干祿之具。」至於取《疇人傳》為名，則因「學問之道，惟一故精，至步算一途，深微廣大，尤非專家不能辨」。疇官即「所謂專門之裔也，是編以疇人傳為名義」。此外，「凡為此學者，人為立傳，俾後來彥俊，知古今名公大儒從事於此者不少，庶幾起向慕之心，且緣是考求修改原流沿革條目，然後進而恭讀聖製〔《數理精蘊》〕，或有所領解，仰窺萬一，此則輯錄是編之大旨也。」

換言之，康熙倡導、梅文鼎開始，不斷穩步發展之士人習算的風氣，到了十八世紀晚期已相當普遍。戴震、錢大昕、阮元等經學大儒的提倡，讓天文曆算與考據治經結合得更為緊密，使得數學更成為士人必備知識，「象數之學，儒者所當務」。《疇人傳》的出版正是這個學術工程的一部分：透過考求源流的進路，建立起一條從古至今的天文曆算專門技藝的譜系，對擁有曆算知識的學者群體賦予身分上的認可。

[24] 此書一出，對於清代的曆算研究，起了重要的影響，後繼學者續補增修。因此，談起《疇人傳》，通常也會包括羅士琳 (1783–1853)《續疇人傳》六卷 (1840)、諸可寶 (1845–1903)《疇人傳三編》七卷 (1886)，以及黃鐘駿《疇人傳四編》十二卷 (1898) 等書。事實上，各續作的體例與阮元初編相同，前後呼應，可看成是一部完整的疇人傳記。

事實上，在《疇人傳》問世後，「疇人」表示天文曆算家的稱謂，才流傳開來。到了羅士琳接手出版《續疇人傳》(1840)，對於擁有算學知識的士人，就有了明確的分級標準：

> 天算之學有數端，守其法而不能明其義者，術士之學也；明其義而不能窮其用者，經生之學也；若既明其義，又窮其用，而神明變化，舉措咸宜，要非專門名家不可。[25]

由「專門名家」的描述可知，算學已不用依附於經學之中，它可以「神明變化」的發展，算學作為一種「專門之學」已然成形。

總之，乾嘉學派推動算學為「專門之學」所營造的學術環境，考據學者對算學研究認識的侷限與不足，使得下面問題值得關注：經學與算學的互動如何影響算學研究？接下來，我們將以時稱「談天三友」的焦循、李銳及汪萊 (1768–1813) 為例，探討算學 vs. 經學之互動關係。他們三人生平正值乾嘉學派的全盛時期，透過他們算學成就的爬梳，可以為我們提供一個觀察的絕佳切入點。事實上，此時西洋數學已經不能繼續傳入中國，而由於《四庫全書》的編纂完成，許多算學古籍重見天日，也讓乾嘉時期的數學研究焦點轉向為傳統中算的整理與闡揚。

5.4 算學 vs. 經學：以談天三友焦循、汪萊與李銳為例

西元 1773 年，乾隆下詔《四庫全書》開館，戴震從《永樂大典》

[25] 羅士琳，《續疇人傳》卷 49，頁 655。

中輯錄出《周髀算經》、《九章算術》、《海島算經》、《孫子算經》、《五曹算經》、《五經算術》及《夏侯陽算經》等七部算書。稍後，戴震再取得《張丘建算經》、《緝古算經》與《數術記遺》的刻本。戴震重新校勘這十部算經，並交給孔繼涵刊刻，即為現稱之《算經十書》。此外，從《永樂大典》中輯錄出秦九韶的《數書九章》、李冶的《益古演段》（據信也是戴震所為），加上李潢進呈家藏李冶的《測圓海鏡》等宋元算書，連同十部算經一併收入《四庫全書》子部天文算法類。這些書籍的重新刊刻，使得數學成為學者的研究焦點。

同時，館臣還將《四庫全書》的各書提要，編纂成《四庫全書總目》，透過考察《四庫全書總目》子部天文算法類所載提要，我們可以掌握當時官方對於天文曆算的看法，以及考據學家對於曆算學的認識與態度。首先，《四庫全書》將天文算法細分成兩個子類：天文學（推步之屬）與數學（算書之屬），說明數學的知識位階有提升與獨立的趨勢。而算術得以獨立出來，正是「其用廣，又不限於一也」。比方說，作為經書考證時的參照。

此外，宋元算書秦九韶《數學九章》、李冶《測圓海鏡》及《益古演段》等書的提要中，館臣反覆論述推衍，尋找證據強化「借根方法即古立天元一之術」的說法。換言之，宋元算書的重現，更加堅實了「西學中源」的論述。據林倉億的研究，館臣校勘算書、理解的天元術，並非李冶著述《測圓海鏡》與《益古演段》所使用的天元術，而是帶著借根方知識內涵的天元術，正是受到梅㲄成「天元一即借根方解」的影響。[26]

---

[26] 林倉億，《中國清代 1723～1820 年間的借根方與天元術》。

直到西元 1797 年，李銳重新校注《測圓海鏡》、《益古演段》，辨證出天元術與借根方的不同，突破前人在認識論上的侷限。[27]焦循明確推許李銳在帶動研究宋元算學典籍風潮的貢獻：

> 元李冶傳洞淵九容之術，撰《測圓海鏡》、《益古演段》以明天元一如積相符，其究必用正負開方，互詳於宋秦九韶《數學九章》。本朝梅文穆公雖指天元一為西人借根所由來，而正負開方則未有闡明者，元和李銳尚之特為讎校，謂少廣一章得此，始貫於一，好古之士，翕然相從。[28]

更甚者，李銳的態度也由推崇借根方轉而獨尊天元術，開啟了借根方與天元術影響力逆轉的歷程。首先呼應的，就是以興復古學為己任的阮元，他肯定李銳找到天元術這把昌明中法的利器。因此，李銳對於借根方態度的轉變，透過阮元對清朝算學家產生深遠的影響。當然，最早出現迴響的，是同為阮元學圈的焦循。

焦循 (1763–1820) 學識淵博，「經史、曆算、訓詁諸學無所不精」，他認為：「不明地理，何以作《水經注》？不通天文算術，何以作李淳風、一行論？」西元 1787 年，他獲贈《梅氏全書》，開始用心習算。身為阮元的堂姐夫，焦循幾度出入阮元幕府擔任幕友，負責數學相關的輔佐工作。正是在焦循的推薦下，李銳獲得校算《測圓海鏡》及《益古演段》的工作，從而得到阮元賞識延攬入幕。

[27] 據鄭鳳凰的研究，李銳正是利用考據學的手法，在校算的過程中，辨識出天元術的真正意義。見鄭鳳凰，《李銳對宋元算學的研究——從算書校注到算學創作》。

[28] 焦循，〈石埭縣儒學訓導汪君孝嬰別傳〉，收入《雕菰集》六，頁 348–349。

焦循傳世的算學著作有《釋弧》三卷 (1795)、《釋輪》二卷 (1796)、《釋橢》(1796)、《加減乘除釋》八卷 (1797)、《天元一釋》二卷 (1799)，以及《開方通釋》一卷 (1801)。西元 1801 年焦循鄉試中舉，隔年北上會試未第，之後絕意科舉，返家授徒講學，閉門注《易》，完成《易通釋》二十卷、《易圖略》八卷及《易章句》十二卷，合稱《雕菰樓易學三書》(1815)。

西元 1799 年底，李銳將校畢的《測圓海鏡》送給焦循，焦循將其看法寫成《天元一釋》，其中，焦循運用考據訓詁的手法，「以經證經」引用各種算經進行天元術算理的討論，以及名詞的解釋和澄清，充分展現焦循對於「算理」的重視。《天元一釋》寫成後，焦、李兩人聚首浙江阮元撫署論學，李銳給予此書很高的評價，不過，對於焦循注重算理的努力，李銳卻隻字未提，足見兩人在算學研究上，有著不同的知識論立場。

儘管如此，兩人仍「相約廣為傳播，俾使古學大著於海內」，促成焦循《開方通釋》(1801) 的寫作。焦循在復興天元術的努力，頗受羅士琳的讚揚：「里堂《天元》、《開方》二釋，闡明其法，使人人通曉，較梅文穆之僅辨天元為借根方所本，其功更不鉅哉！」因此，在阮元、焦循及李銳等人傳播宣揚下，研究、發揚天元術的風潮隨之而起。

然而，焦循最重要的算學成就應是《加減乘除釋》八卷，他從各算書的術文中，抽象化加減乘除運算的法則，當成對象加以研究。[29]

---

[29] 各卷內容大要如下：第一、五卷論述加減運算法則；第二卷處理二項式的乘方運算；第三卷論述乘法運算法則；第四、六卷處理除法運算的性質及分數的性質和運算法則；第七卷論述各種比例問題；第八卷則是加減乘除四則運算的綜合討論。見蘇俊鴻，《焦循《加減乘除釋》內容分析》。

《加減乘除釋》的出現，代表著中國傳統數學的研究，由具體問題的討論，進入總結規律性的理論研究階段。並且，焦循對於同一系列相關的運算法則的討論，最基本的法則必定運用幾何圖形加以驗證，接續的法則，會利用已知的性質，以代數形式論述。換言之，利瑪竇、徐光啟引進《幾何原本》所帶來的論證方式，梅文鼎予以形塑後的著述體例，被焦循充分運用在《加減乘除釋》上，儘管《加減乘除釋》主要討論的是傳統中算的文本。

《加減乘除釋》全書共列出九十八條法則，其中包含最基本的五條運算律：加法交換律、加法結合律、乘法交換律、乘法結合律，以及加法對乘法的分配律。特別的是，焦循利用符號表達這些運算法則。例如，加法交換律就寫成：「以甲加乙，或乙加甲，其和數等。」以現代的數學符號表示，正是 $a+b=b+a$。或是乘法交換律，就寫成：「以甲乘乙，猶之以乙乘甲也。」以現代的數學符號表示，正是 $ab=ba$。為何利用甲、乙來表示數目呢？焦循認為「數之多少無定」，而且「算法起於相比也，論數之理，取於相通」，因此「不偏舉數，用甲乙明之」。

為何焦循會注意運算規則的交換性、結合性等性質？根據數學史家吳裕賓的研究，認為這與焦循家傳的易學研究有關。[30]後來，研治算學的經驗，也讓焦循得用新的角度考察及詮釋《周易》，創造出符號

---

[30] 如果以甲乙來表示卦爻，那麼卦爻的結合是要考慮先後次序，次序不同，表明的對象就不同。換言之，卦爻是不可交換的，焦循才會提出：「在卦爻為旁通，在算數為互乘。」顯然在卦爻的旁通是有先後的，而數的互乘是不計次序的。因此，用符號表示時要強調交換性及結合性。見吳裕賓，〈焦循與《加減乘除釋》〉，收入洪萬生主編，《談天三友》，頁 181。

化的易學系統。並且，治《易》的成功，使得他的抽象能力更為提升，原本用來指涉數目的甲、乙、丙、丁等字，可以視為毫無意義的符號：

> 繪勾股割圓者，以甲、乙、丙、丁等字，指識其比例之狀，按而求之，一一不爽。義存乎甲、乙、丙、丁等字之中，而甲、乙、丙、丁等字則無義理可說。……讀《易》者當如學算者之求其法於甲、乙、丙、丁。……夫甲、乙、丙、丁指識其法也。[31]

因此，焦循的例子說明傳統中算家是有能力獨立發展符號代數的定性研究取向。除了易學研究的啟發和影響外，焦循本身對於「算理」的強調，也是重要的因素。事實上，焦循對「理」的認識可能來自三個面向：一、宋明理學所論述的「理」；二、梅文鼎受到實學影響所認知的「理」；三、來自《幾何原本》的邏輯結構所顯露的「算理」。[32]

以焦循的算學活動為例，他從西方天文曆算學的研究，到和李銳相約以昌明古學為己任，在在顯示乾嘉學派所營造的學術環境，對焦循的曆算學研究有著深刻影響。然而，即使焦循在經學研究上頗有名聲，也是身處阮元學圈的核心成員，像《加減乘除釋》這樣的代數化的創新進路，卻沒有受到乾嘉學者的重視，我們從羅士琳對焦循的算學評論獨漏《加減乘除釋》可知一二。事實上，焦循強調「算理」的取向，還被羅士琳視為缺點：

---

[31] 焦循，〈學易叢言〉。轉引自吳裕賓，〈焦循與《加減乘除釋》〉。

[32] Horng, “The Influence of Euclid’s *Elements* on Xu Guangqi and His Successors.”

> 尚之在嘉慶間，與汪君孝嬰、焦君里堂齊名，時人目為談天三友。然汪期於引古人所未言，故所論多栩栩，則或多失於執；焦於闡發古人所已言，故所論多因，因或失之於平；惟尚之兼二子之長，不執不平，於實事中匪特求是，尤復求精，此所以較勝二子也。[33]

相較之下，與焦循交深意合的汪萊，更能體會焦循對於「算理」的關切，譬如，汪萊為焦循《釋弧》寫序就提到：

> 其所言者：一曰，兩者交通咸和，二與一為三是已。二曰，損之又損，一尺之棰日取半是已。三曰，合異為同，道通其分也。四曰，散同以為異，其分也以備。此四者，始終相反乎無端，千轉萬變而不窮，整之齊之，斯而析之，言而當法，其理不竭。[34]

早在 1794 年，兩人便訂交於「秦淮旅舍」，往來持續二十餘年，「雖遠隔數千里，有所得必郵寄，相與訂論」，焦循《易通釋》撰成還曾就正於汪萊。汪萊死後，焦循不但撰寫〈石埭縣儒學訓導汪君孝嬰別傳〉，更留下至情至性〈記得一首哭汪孝嬰〉。事實上，焦循與李銳的交誼也相當深厚，現存兩人的往返書信，都寫得真摯動人。

西元 1804 年，焦循、汪萊及李銳三人聚首揚州論學，「有所得則相告語，有所疑則相詰難」，尤其汪、李兩人立場不同，有時辯論非常

---

[33] 羅士琳，《疇人傳》卷 50，頁 664。

[34] 汪萊，〈《釋弧》敘〉，《釋弧》卷上，頁 4160。

激烈。此次揚州論學，對於汪萊、李銳兩人方程理論的研究有著重要影響。不過，揚州論學後，焦、汪兩人慢慢疏於與李銳往返，也和李銳為中心的算學家社群漸漸不相聞問，因而失去對算學議題發聲的機會。焦循全心治《易》，而與乾嘉學派考據學者本就格格不入的汪萊，只能「悄然不樂」，貧鬱而終。至於汪萊為何與乾嘉學派格格不入，這得從汪萊的學術風格談起。

汪萊 (1768–1813) 自幼家貧，但刻苦勵學，「慕其鄉江文學永、戴庶常震、金殿撰榜、程徵君易疇學力通經史百家，及推步曆算之術」。1789 年，汪萊時年二十二，「始習九九」，同樣從梅文鼎曆算學著作及《數理精蘊》自學入門。1791 年結識焦循，切磋學問，成為莫逆之交。在 1796 到 1805 年年間，他與友朋問學討論，先後完成《衡齋算學》七冊。1806 年，因「其精算之名，久為官卿所知」，被延請參與黃河新、舊入海口的測算。1807 年，以優貢生入都，考取八旗官學教習。稍後，獲薦參與纂修《天文志》與《時憲志》。1809 年書成，獲選授安徽石埭縣訓導。1813 年，參加省試未中得疾歸，不久即去世，得年僅四十六歲。

終其一生，汪萊主要以教館為業，相較幕友來說，塾師收入不豐，對於經濟條件的改善不大。[35]事實上，以汪萊的學識修養，未能獲得阮元邀請入幕，應與汪萊堅持西法，力求算學創新的治學風格有很大的關係。

汪萊對於算學創新的堅持，可由《衡齋算學》的內容得到驗證。

---

[35] 據清人汪輝祖 (1730–1807) 所述：「吾輩從事於幕者，類皆章句之儒，為童子師，歲修不過數十金；幕修所入，或數倍焉，或十數倍焉。」轉引自尚小明，《學人游幕與清代學術》，頁 43。

譬如，第二冊的《參兩算經》是一部討論 p 進位制 $(2 \leq p \leq 10)$ 的著作，並深入探討 p 進位制的整除性，同時從《參兩算經》的文字，我們也可看出它受到《周易》的影響。另一部受易學影響的，是第四冊後半的《遞兼數理》，這是以組合數為研究主題，有系統地提出性質及公式的著作。[36]如開端所言：「遞兼之數，古有未發，今定推求之則。」汪萊建立起組合數與垛積之間的關係，進而利用垛積公式推導出 $C_p^n = \dfrac{n!}{p!(n-p)!}$，足見其算學能力之高強。汪萊還舉計算爻卦變卦數目的例子，來說明公式的正確性。

在算學研究上，汪萊另一個異於他人的特點，是非常關心解的存在性與唯一性。例如，《衡齋算學》第一冊和第四冊的前半部，都是討論球面三角的問題，他羅列各種平面與球面三角的邊角關係，判斷是屬於「**知**」(**存在唯一解**)或是「**不知**」(**無解或多解**)的情形，並提出唯一解的條件。第二冊則是指出梅瑴成在《增刪算法統宗》中，討論勾股形問題所列出的三次方程式不只一正根，進一步提出形如 $x(p-x)^2 = q$ $(0 < x < p)$ 的方程均有兩正根，並且給出求兩根的方法，成為日後汪萊研究方程理論的開端。

西元 1801 年，汪萊不滿他人對於借根方「損之又損」，便以借根方的術語，討論二次方程與三次方程正根的個數，寫成《衡齋算學》第五冊。藉此，汪萊對傳統的方程論研究進行批判：

---

[36] 據史家李兆華的研究，汪萊提出四個有關組合數的公式及性質：(1) $C_1^n + C_2^n + \cdots + C_n^n = 2^n - 1$；(2) $C_p^n = C_{n-p}^n$，$1 \leq p \leq n-1$；(3) $C_1^n, C_2^n, \cdots, C_n^n$ 的中間項判斷法；(4) $C_p^n = \dfrac{n!}{p!(n-p)!}$。見李兆華，〈汪萊《遞兼數理》、《參兩算經》略論〉，收入洪萬生主編，《談天三友》，頁 227–245。

> 以不知為知，不可也而猶可也。以不可知為知，大不可也。何可乎？以不知為知，何不可乎？以不可知為知，物予我以知，我暫不知，會心焉，有待也。物不任我以知，我謬附以知，見魔焉，迷不反也。嗟乎！使物有知不且笑知己乎？故曰：知其不可知，知也。[37]

全書共列舉二十四條二次方程和七十二條三次方程，逐一討論是「**可知**」（**只有一個正根**）或是「**不可知**」（**不只一個正根**）。例如：

> 有幾真數，多幾根積，與幾一乘方積相等。以幾根數為帶縱平方常闊較，以幾一乘方數乘幾真數為帶縱平方積，帶縱平方法開之，得長根。以幾一乘方數除之，每根之數，可知。

正是討論形如 $c+bx=ax^2$ 的二次方程為「可知」，[38]以及如何求解。這 96 條方程式經過整理歸納，汪萊共得十六種方程式，其中有九種為「可知」，六種為「不可知」，還有一種則是「可知」或「不可知」，並給出判斷條件。至於根的求解，則是利用開帶縱平方法或是開帶縱立方法。此外，汪萊也正確提出三次方程式有三個正根時的根與係數關係。

稍後，汪萊更與李銳切磋討論（見下文），在第五冊的基礎上，進

---

[37] 汪萊，《衡齋算學》，收入郭書春主編，《中國科學技術典籍通彙》數學卷四，頁 1516。

[38] 「有幾真數，多幾根積，與幾一乘方積相等」之術語與方程式表示，都取自《數理精蘊》。

一步處理有實根的高次方程正根個數出現的規律性，以及正根的判斷條件，於 1804 年到 1805 年之間完成《衡齋算學》第七冊。汪萊利用正根的個數作為分類依據，完整討論三次及四次方程正根的個數、解法，以及根與係數的關係（四次方程有錯）。最後，他也提出如何求第二個正根的通則性方法。

汪萊堅持在方程理論的研究上批評中法，使用「**西學**」借根方，嚴重影響乾嘉學者對他的看法，造成他學術處境上的困難。1801 年，汪萊完成《衡齋算學》第五冊後，將算書寄送給曾與他「論經談藝，誼至篤也」的揚州太守張敦仁 (1754–1834)。結果，張敦仁「謂其過苦」，並拒絕把自己所著《開方補記》出示汪萊，也拒絕將搜羅到的明安圖《割圓密率捷法》示之汪萊。當時李銳正應邀為張敦仁的幕客，這或許能說明為何汪萊第七冊完成後，對他的方程論研究理解最深的李銳，竟然沒有任何評論！

事實上，李銳對於方程理論的研究正是源自汪萊《衡齋算學》第五冊。1801 年底，汪萊亦將《衡齋算學》第五冊寄給焦循，焦循擱置未覆。隔年，焦循將此書與李銳相參核，李銳讚嘆「是卷窮幽極微，真算氏之最也」。「復以兩日之力，作開方三例，以明孝嬰之書之所以然」，寫成一跋，寄存於焦循：

> 其一，凡隅實異名，正在上負在下，或負在上正在下，中間正負不相間者，可知。
>
> 其二，凡隅實異名，中間正負相間，開方時其與隅異名之從廉皆翻，而與隅同名者，可知；不者，不可知。
>
> 其三，凡隅實同名者，不可知。

雖然李銳對於開方術早有研究，但僅用兩日就將汪萊書中的九十六例子化約成三條規則，足見其抽象化的高超能力。並且，李銳採用「正負開方」立說，運用中算開方術的術語，表明他的算學立場。

西元 1803 年，汪萊復歸揚州，由焦循處得見李銳跋文，焦循生動記下此事：

> 今年村居教徒，稀入城市，出入於農圃醫卜之術。秋八月有走馬來者，叩門甚迫，童子驚相告予，視之則孝嬰也。延入塾中，對飲于豆花棚語間，孝嬰謂予曰：或謂尚之詆吾所著書，有之乎？予因出尚之所為〈衡齋算學跋〉與之，孝嬰怡然曰：尚之固不我非也。[39]

顯見汪萊非常重視李銳的評論，才有上述戲劇般的場景。汪萊還寫一篇〈論〉來說明李銳開方三例不足之處。從兩人論學交流來看，天元術與借根方兩個代數系統記號的轉換，在兩人身上毫無窒礙，說明了選擇哪一個代數系統是立場問題，而非數學問題。和汪萊的往復論辯，使得李銳完備他在方程論的研究，總結研究成果，寫成《開方說》。

李銳運用中法在方程論研究上取得成果，對比之下，汪萊堅持西法的立場就失去「正當性」，更讓乾嘉學派覺得他「尤於西學太深」：

> 孝嬰超異絕倫，凡他人所未能理其緒者，孝嬰目一二過，即默識靜會，洞悉其本源，而貫達其條目。諸所著論，皆不欲

[39] 焦循，〈第五冊算書焦記〉，收入汪萊，《衡齋算學》第六冊（七冊本），古籍，下載自 http://archive.org/details/02094116.cn，頁 10a。

> 苟同於人，是誠算家之最。特矯枉過正，未免有時失之偏，尤於西學太深，雖極加駁斥，究未能出其範圍。觀其用真數根數，以多少課和較，而泥於可知不可知，尚是墨守西法，其於正負開方之妙，終不逮李尚之秀才銳之能通變也。[40]

汪萊的西學立場，也使其算學研究的傳播受到影響。例如駱騰鳳(1770–1841)在《開方釋例》〈例言〉提到：「《衡齋算學》並創為可知、不可知之例，皆沿借根方之說，而無得於天元一者也，今俱不敢採入。」因此，汪萊在方程理論的創新，並沒有得到應有的傳承，從而其中蘊藏的「現代性」，對於數學知識存在性與結構性的關注，就無從發揚光大。[41]然而，身為中法派「樣板」人物的李銳，在方程論上的創新成果，有得到乾嘉學派的重視嗎？接著，來看李銳的算學活動及研究。

李銳(1769–1813)算學啟蒙來自早年「從書塾中檢得《算法統宗》，心通其義」。有系統的學習算學則是拜入錢大昕門下，由西學入門：「憶自辛亥(1791)之冬，銳肄業紫陽書院，從先生受算學，先生始教以三角、八線、小圓、橢圓諸法，復引而進之於古。」李銳師事錢大昕，為學深受錢大昕的影響，也包括曆算學的觀點，錢大昕曾面示李銳：

> 數為六藝之一，由藝以明道，儒者之學也。自世之學者卑無高論，習于數而不達其理，囿于今而不通乎古，于是儒林之

[40] 羅士琳，《疇人傳》卷50，頁674。

[41] 洪萬生，〈清代數學家汪萊(1768–1813)的歷史地位〉。

實學遂下同于方技，雖復運算如飛，下子不誤，又曷足貴乎？[42]

對錢大昕來說，數學是理解經學的工具，達理與通古才是學習數學的目的，「由藝以明道，儒者之學也」。

因此，1796 年李銳寫給焦循的信札中，透露畢生學術研究的三大宏願，正是體現其師的訓誨：一是全面研究中國傳統天文曆法，「俾古人創造之法愈改愈密之苦心，不致泯沒無傳」；二是研究西方傳入之曆法，「使談西學者知彼其測驗亦由疏而密，非一蹴可到」；三是闡揚中國古代數學精華，尤其是《算經十書》，「欲一一究明其所以然，無所疑惑而後快」。最後，李銳更請求焦循代尋算書，才有後續校注《益古演段》、《測圓海鏡》的任務，從而得到阮元賞識，「常延〔李〕銳至杭，問以天算」，以及主持《疇人傳》的編纂工作。

焦循也給李銳回了信，信中除了報告自己的算學研究外，更是對李銳的三大願多所鼓勵，殷期其成：「兄願於數千年中西疏密之原，彙而貫之，此實從來未有之書，亦宇宙內斷不可無之書，循所樂之而力不能為者。以兄之學力赴兄之所願，必成無疑。」接著，焦循寫道：

惟是不朽之業，鬼物所忌，富貴利祿，疾病困乏，或順或逆，皆所以阻撓乎！我以為之魔，敢為兄戒之，身外之物，聽其自來，即學問中六書音韻訓詁典章之要，亦乞待之於書成之後，專於所願，務期其成，將見勿庵梅氏開其始，吾兄統其成，真三公不易之榮矣！

---

[42] 李銳，〈三統術鈐跋〉，收入陳文和主編《嘉定錢大昕全集》第八冊，頁 180–181。

值得我們注意的，是焦循在此處所強調的算學地位。對乾嘉學派而言，算學固然是一種專門之學，值得終身以之。但在焦循心中，它不止是治經的工具而已，是「生平最篤信而深好之，益十數年于茲矣」。因此，算學研究的地位足以先將「學問中六書音韻訓詁典章之要」擱置一旁。焦循如此的看法，是否可能影響到阮元學圈，擴及到整個乾嘉學派？

儘管李銳科舉應試始終失利，但在乾嘉學派兩位大儒的賞識與推崇下，李銳聲名大躁。事實上，從李銳留下的《觀妙居日記》看來，他是當時的乾嘉學派的學術交流中心之一。「四方學者，莫不爭相接納，凡有詰者，銳悉詳告無隱」。尤其他在天文曆法及數學方面的才能，更是得到學者讚賞，讓他得到謀生的機會。他的主要收入來自擔任地方官吏的幕客，例如阮元、張敦仁、吳廉山、劉金門及達枚等人，先後都曾是其幕主。許多人的數學著作，都得到李銳的協助。像張敦仁的《緝古算經細草》、《求一算術》和《開方補記》等書，李銳都有參與討論。

當李銳歿後，阮元負責刊刻《李氏遺書》，收錄李銳的十一種著作，依次為《召誥日名考》、《三統術注》、《四分術注》、《乾象術注》、《奉元術注》及《占天術注》、《日法朔餘強弱考》、《方程新術草》、《勾股算術細草》、《弧矢算術細草》，以及《開方說》。它的編次充分反映了乾嘉學派的學術取向：「經學—史學（年代學）—曆學—算學」。而最後的創新之作《開方說》，可說是李銳為學風格的重大轉變，讓他由算學校注到算學創作，這個轉折正是他與汪萊論學的結果。

李銳透過秦九韶、李冶的算學著作，掌握了傳統中算對於解高次方程的數值運算方法——增乘開方法，在汪萊「可知、不可知」的啟發下，李銳拓展出開方術研究的新方向。直到 1814 年，李銳才完成

《開方說》的初稿，並傳授給弟子黎應南。後來，李銳將初稿整理成《開方說》上中兩卷，臨終前一再囑咐黎應南將未定稿的《開方說》下卷完成並付梓刊行。因此，黎應南於 1819 年整理完成《開方說》。

《開方說》上卷「起例發凡，臚列算式」，清楚說明李銳承襲傳統中算的進路，所給出的實、法、方、廉、隅等指稱方程各項係數的用語，包括對「實常為負」的規定，都顯現秦九韶《數學九章》的影響。李銳列舉方程的各種變號情形，說明根的個數。以現代的數學符號表示，給定 n 次方程式 $(n \leq 4)$

$$a_n x^n + a_{n-1} x^{n-1} + \cdots + a_1 x + a_0 = 0$$

李銳所提出的命題相當於係數序列 $a_n, a_{n-1}, \cdots, a_1, a_0$：

- 若出現一次變號，則方程式有一個正根。「凡上負、下正，可開一數」
- 若出現兩次變號，則方程式有二個正根。「上負、中正、下負，可開二數」
- 若出現三次變號，則方程式有三個正根或一個正根。「上負、次正、次負、下正，可開三數或一數」
- 若出現四次變號，則方程式有四個正根或二個正根。「上負、次正、次負、〔次〕正、下負，可開四數或二數」

李銳列舉各種變號情形的方程種類，例如，一次變號的一次方程有 1 種；二次方程有 3 種；三次方程有 8 種；四次方程有 20 種，總計共有

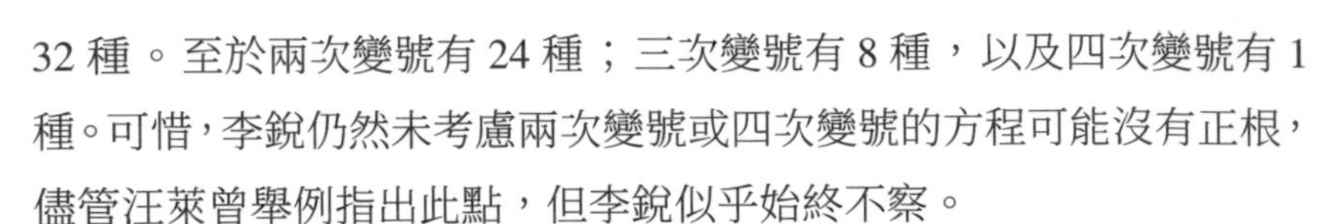
32 種。至於兩次變號有 24 種；三次變號有 8 種，以及四次變號有 1 種。可惜，李銳仍然未考慮兩次變號或四次變號的方程可能沒有正根，儘管汪萊曾舉例指出此點，但李銳似乎始終不察。

《開方說》中卷則引進負根的概念，李銳明確說到：「凡商數為正，今令之為負。」這是中算史上第一次談到負根（李銳稱為「負商」）的著作，有了負根的觀念，那麼，李銳認為方程式係數序列的變號數無論如何，「凡平方（按：即二次方程）皆可開二數，立方（按：即三次方程）皆可開三數或一數，三乘方（按：即四次方程）皆可開四數或二數。」換言之，李銳討論的是有實根的方程式。

《開方說》下卷則是除了負根變換外，還包括倍根變換在內的其他變換、重根的討論，以及造無實數根方程等的討論，李銳應是中算史上第一位討論重根的數學家。數學史家劉鈍認為李銳「突破前代算家就具體數字方程求出一個正根的窠臼」，並且在「傳統增乘開方法的基礎上運用抽象的文字表述形式來表達研究對象，更採用枚舉、排序、分析、綜合、歸納等多種邏輯手段對高次方程進行理論探討」。

弔詭的是，標幟著復古，也倡議創新的乾嘉學派，對於李銳在傳統中算的進路上的創新研究《開方說》，卻是一直採取忽視的態度，可徵之羅士琳對《開方說》的評價：

> 銳讀秦氏書，見其於超步退商正負加減借一為隅諸法，頗得古九章少廣之遺，較梅氏（按：即梅文鼎）《少廣拾遺》之無廉方者，不可以道里計。蓋梅氏本於《同文算指》、《西鏡錄》二書，究出自西法，初不知立方以上無不帶從之方，銳因明秦法推廣詳明，以著其說。

羅氏只論李銳對於開方「法」的推廣，不及方程理論探討之功，這樣的現象也出現在羅士琳的《四元玉鑑細草》上，其書反覆於開方「法」上，無暇於理論的探討。接下來，繼羅士琳之後重視天元術與四元術的李善蘭 (1811–1882)，也未曾提及李銳的《開方說》。

儘管李銳身為乾嘉學派算學家的領導地位，他從算學校注走向算學創作的進路，卻是後繼無人。事實上，焦循的《加減乘除釋》的符號算理的取向，以及汪萊《衡齋算學》的方程理論創新，同樣也為人所忽略，談天三友的代數創新及身而止。對於談天三友的算學創新未曾給予應有的重視，或許和乾嘉學派對於算學研究認識的侷限和不足（即使是李銳）有關，因為這不是他們關注的所在。也或許是他們的算學創新既不近似於任何古法，也沒有已知的西法可以超越。[43]

儘管如此，乾嘉學派對於算學學統的推動，卻使得算學成為「專門之學」在乾嘉以降蔚為風氣，形成共識。乾嘉 vs. 道咸時期算學治經風氣的轉變，就提供了一個例證：「道咸同時期以算學治經之風氣，遠遜於乾嘉，且多為算學家兼治此業，而非經學家兼治算學，此為兩時期顯明之差別。」[44]

這樣的轉變，也在張之洞 (1837–1909) 的《書目答問》(1875) 的〈國朝著述諸家姓名略〉學者分類得到驗證。在這份名單中，焦循、汪萊和李銳不但是「算學家」，也是「漢學專門經學家」。而道光之後的算學家，只有董祐誠 (1791–1823) 還擁有「駢體文家」的身分。事實上，這樣的現象恰好為清代經學與算學的互動關係，提供很好的證據：到了十九世紀，算學家的角色已經逐漸從經學家分化出來。

---

[43] 洪萬生，〈談天三友焦循、汪萊和李銳〉。

[44] 王萍，《西方曆算學之輸入》，頁 108。

事實上，這樣的角色分化正是乾嘉學派倡議算學為「專門之學」的結果，這些算學士人，透過函札交流數學議題，建立起社群意識，以及算學家的自我角色認同，促使「分化」不斷地進行。如前所述，談天三友焦循、汪萊和李銳正是這種身分「分化」的先驅人物。更重要地，在這樣的學術社群中，「治一業終身以之」的專業精神得以養成，為晚清數學的專業化和制度化奠下基礎，我們將在後文（第 5.6 節）繼續討論。

5.5 十九世紀中國數學：李善蘭、華蘅芳與西學第二次東傳

西元 1840 年，第一次鴉片戰爭爆發，兩年後英國軍艦攻至南京下關，大清被迫開放通商口岸，允許外國人傳教、開辦學堂，以及設立醫院。此次前來的新教傳教士，仿傚明末清初耶穌會士的做法，翻譯大量的西方科學著作，開啟第二次西學傳入中國的契機。

不過，新教傳教士的活動場域不再侷限宮廷，而是深入民間。1843 年，英國倫敦會傳教士麥都思 (Walter Henry Medhurst, 1796–1857) 來到上海，建立了墨海書館，引進鉛字印刷機器，印行聖經及福音著作。1847 年，他找來偉烈亞力 (Alexander Wylie, 1815–1887) 負責印刷事務，稍後李善蘭參與翻譯西方科學著作，使得墨海書館成為當時中西文人接觸的主要場所，也是 1860 年自強運動之前，西方科學技術書籍的主要翻譯中心。

李善蘭自小就顯露數學的才能，十歲時「讀書家塾，架上有古《九章》，竊取閱之，以為可不學而能，從此遂好算」。十五歲時，就讀過徐光啟、利瑪竇合譯《幾何原本》前六卷，「通其義，竊思後九卷必更為深微，欲見不可得，輒恨徐利二公之不盡譯全書也。」從此奠下日後續譯《幾何原本》後九卷的因緣。後來，他到杭州應試，「得《測圓海鏡》、《句股割圜記》以歸，其學始進。」[45]西元 1845 年，他就「館嘉興陸費家」，有機會結識江浙名士張文虎 (1808–1885)、孫瀜，以及顧觀光 (1799–1862) 等人，逐漸在江浙學術圈打開知名度，藉著他高人一等的數學能力，進而躍升為一代算學領袖。

圖 5.1：李善蘭畫像，採自《格致彙編》

李善蘭刊刻流傳的數學著作有《方圓闡幽》(1845)、《弧矢啟祕》(1845)、《對數探源》(1846)、《垛積比類》（約 1859）、《四元解》(1845)、《麟德術解》(1848)、《橢圓正術解》、《橢圓新術》、《橢圓拾遺》、《火器真訣》(1856)、《對數尖錐變法釋》、《級數回求》、《天算或問》（約 1867）、《考數根法》、《九容圖表》，以及《測圓海鏡解》。其中，前十三種收入《則古昔齋算學》於 1867 年刊刻出版；《考數根

[45] 譬如，李善蘭就認為《測圓海鏡》是對他譯書工作影響最大的一部數學著作：「善蘭少習九章，以為淺近無味，及得讀此書（按：《測圓海鏡》），然後知算學之精深，遂好之至今。後譯西國代數、微分、積分諸書，信筆直書，了無疑義者，此書之力焉。蓋諸西法之理，即立天元一之理也。」

法》則是 1872 年 9 月起於《中西見聞錄》第二、三、四號連載刊出；《九容圖表》則收入劉鐸所編《古今算學叢書》。

李善蘭的學術生涯約略分為三個階段：一、則古昔時期（約 1845–1852）；二、譯書時期（1852–1860，也稱為墨海書館時期）；三、同文館時期 (1868–1882)。[46]其中，則古昔時期是他一生數學創造力的高峰期，除了《火器真訣》、《對數尖錐變法釋》及《級數回求》等三部著作是他翻譯西書後的會通之作，其餘《則古昔齋算學》所收入的算學著作，都是李善蘭在康熙禁教前傳入的西方數學，以及乾嘉學派所發掘整理的傳統數學之基礎上完成。

特別一提他在《方圓闡幽》中的尖錐術，以現代數學符號表示，即為公式 $\sum_{n=1}^{\infty}(\int_0^h a_n x^n dx) = \int_0^h (\sum_{n=1}^{\infty} a_n x^n) dx$。簡單地說，他將每一項積分 $\int_0^h a_n x^n dx$，$n = 1, 2, 3, \cdots$ 都視為一個尖錐積（圖 5.2），用無限多個尖錐積的和（即無窮級數）來逼近一個已知的面積。當時微積分尚未傳入中國，他的想法應是來自傳統垛積術的啟發。利用尖錐術，李善蘭在《方圓闡幽》處理內圓外方的面積差的問題；在《弧矢啟祕》求出三角函數的冪級數展開式；在《對數探源》提出對數函數的冪級數展式。

---

[46] 洪萬生，〈從兩封信看一代疇人李善蘭〉。至於 1860 到 1867 年，李善蘭先後客於徐有壬幕及曾國藩幕。

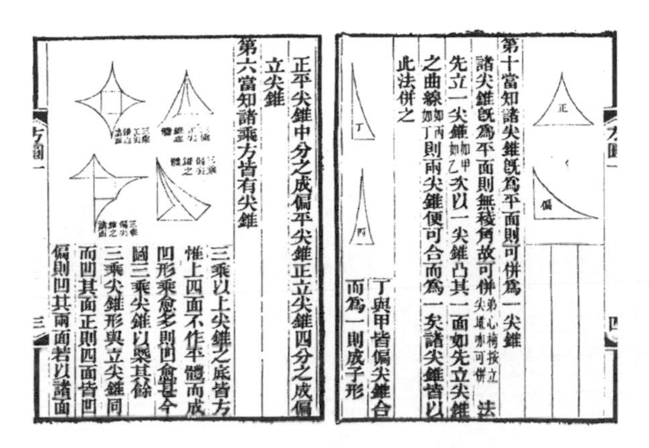

正平尖錐中分之成偏平尖錐正立尖錐四分之成偏
立尖錐
第六當知諸乘方皆有尖錐
三乘以上尖錐之底皆方惟上四面不作平體而成凹形乘愈多則凹愈甚今圖三乘尖錐以槩其餘
三乘尖錐形與立尖錐同而凹其面正則四面皆凹偏則凹其兩面若以諸面

第十當知諸尖錐既為平面則可併為一尖錐
諸尖錐既為平面則無稜角故可併 法
先立一尖錐如甲如乙次以一尖錐凸其一面如先立尖錐之曲線如丙如丁則兩尖錐便可合而為一次諸尖錐皆以此法併之
丁與甲皆偏尖錐合而為一則成子形

圖 5.2：《方圓闡幽》中的尖錐

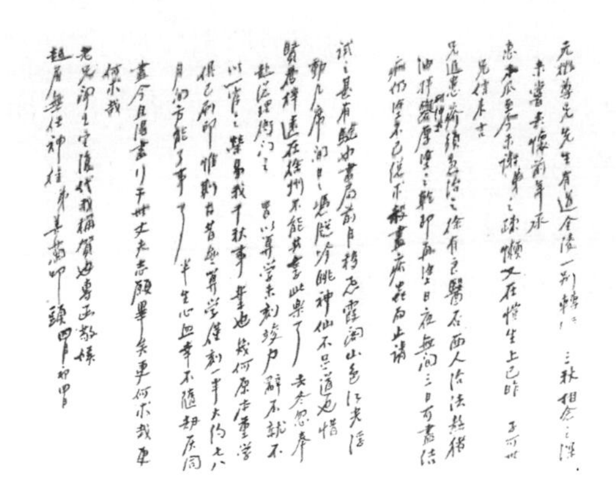

圖 5.3：1867 年李善蘭致方元徵函[47]

事實上，李善蘭對自己的數學作品非常看重。1866 年，同文館決定增設天算課程，洋務派的大將郭嵩燾 (1818–1891) 推薦李善蘭擔任

---

[47] 採自陶湘編，《昭代名人尺牘小傳續集》。

算學教習，他就因「《算學》未刻竣，力辭不就。不以一官之榮，易我千秋事業也」。（參考圖 5.3）後來在曾國藩的贊助下，《則古昔齋算學十三種》竣刻完成。他在序中提到：

> 善蘭于辭章訓詁之學雖皆涉獵，然好之終不及算學。故於算學用心極深，其精到處自謂不讓西人。今得中丞力，盡災梨棗，或遂可不朽也。

這顯示李善蘭對於自己身為數學家的高度認同。其實，李善蘭這麼肯定自己的算學研究，並非做作。早在 1858 年，他就曾對王韜 (1828–1897) 說：「少於算學，若有天授，精而通之，神而明之，可以探天地造化之祕，是最大學問。」這樣的價值觀對比於王韜的回應：「予頗不信其言，算者六藝之一，不過形而下者耳，於身心性命之學何涉？」頗能反映出李善蘭對於算學成為專門之學的深刻省察。

因此，李善蘭 1852 年造訪上海墨海書館時，就頗有算學造詣「**不讓西人**」的氣概，可徵之傅蘭雅 (John Fryer, 1839–1928) 的追記：

> 李君係浙江海寧人，幼有算學才能，於一千八百四十五年初印其新著算學，一日到上海墨海書館禮拜堂，將其書予麥〔都思〕先生展閱，問泰西有此學否？其時住於墨海書館之西士偉烈亞力見之甚悅，因請之譯西國算學，并天文等書。

在墨海書館時期，李善蘭共完成六部西方著作的翻譯。與艾約瑟 (Joseph Edkins, 1823–1905) 合譯 《重學》 (*An Elementary Treatise on Mechanics*)，於 1859 年刊印，原作者是英國十九世紀著名物理學家兼

科學哲學家胡威立 (William Whewell)；和韋廉臣 (Alexander Williamson, 1829–1890) 合譯《植物學》(*Elements of Botany*)，於 1858 年刊印，原作者是 John Lindley。與偉烈亞力合譯四部數學著作如下：

(1)《幾何原本》後九卷，根據的英文版本可能是英國商人兼倫敦市長亨利・比林斯利 (Henry Billingsley) 的譯本 (1570)，這是數學史家徐義保考證的結果。[48]

(2)《代數學》(*Elements of Algebra*, 1835)，原作者是英國十九世紀著名數學家棣莫甘 (Augustus De Morgan) （今譯笛摩根），於 1859 年刊印。

(3)《代微積拾級》 (*Elements of Analytical Geometry and of Differential and Integral Calculus*, 1850) ，美國數學家羅密士 (Elias Loomis) 原著，於 1859 年刊印。

(4)《談天》(*The Outlines of Astronomy*, 1851)，原作者是英國十九世紀著名天文學家侯矢勒 (John Herschel)，於 1859 年刊印。

此外，兩人還翻譯牛頓的《自然哲學的數學原理》，稱為《奈端數理》，因故未完成，僅留下數十頁的稿本。

偉烈亞力是墨海書館傳播西方科學的關鍵人物，他與李善蘭合作翻譯書籍外，也曾撰寫《數學啟蒙》(1853) 一書，他在序言寫道：

余自西土遠來中國，以傳耶穌之道為本。余則兼習藝能，爰

---

[48] 參考第 1.8 節。

> 述一書，曰《數學啟蒙》，凡二卷，舉以授塾中學徒，由淺及深，則其知之也易。譬諸小兒，始而匍匐，繼而扶牆，后乃能疾走。茲書之成，故教之匍匐耳。若能疾走，則有代數、微分諸書在，余將續梓之。

換言之，《代數學》、《代微積拾級》等書的出版，都在偉烈亞力的計畫中，而李善蘭參與譯書，則是他計畫成功的重要關鍵。其中《代數學》一書，由於原作者棣莫甘（或笛摩根）設定讀者需具有基本算術原理的素養，所以內容偏向細節，強調理論縝密、論述繁瑣。顧觀光就評論此書「文理詰屈聱牙，猝難通曉」。然而，偉烈亞力為何選擇此書呢？或許如同他在譯序中所言：

> 此書之譯，所以助人盡其智能，讀此書者，見己心之靈妙，因此感上帝之恩，而思有以報之，是余之深望也夫！

在他來看，《代數學》對於說理不遺餘力，恰可幫助讀者「見己心之靈妙」。至於李善蘭，他對於此書從未有任何評論，且書板毀於兵禍之後，也沒有重刊此書的嘗試。或許李善蘭無法理解棣莫甘在書中對於符號算理的定性討論，正如同他無法理解「談天三友」在代數上的創新研究一樣。

不同於《代數學》，《代微積拾級》出版後立即引起數學家們的注意。譬如徐有壬與馮桂芬 (1809–1874) 就曾一起研讀，徐有壬就認為：「奧澀不可讀，惟圖式皆可授，宜以意紬繹圖式，其理自見。」後來馮桂芬與陳暘 (1806–1863) 兩人嘗試重演之，合撰《西算新法直解》(1876)。華蘅芳 (1833–1902) 也是透過《代微積拾級》學習微積分，並且承認：「初學之人驟觀微分之書，幾不知其所語云何，每有探索經年而莫得其從入之途者。」

儘管如此，《代微積拾級》一直是晚清書院或學堂所用的微積分課本。或許這和翻譯品質相關，像徐維則 1899 年編撰的《東西學書錄》就讚道：

> 算學一門，先至於微積，繼至於合數，已超峰極，當時筆述諸君類皆精深，故偉烈氏乃有反索諸中國之贊，是西書中以算學書為最佳。

此外，李善蘭與偉烈亞力的翻譯工作除了傳入西學的知識外，他們所商定的名詞及表述方式也影響現代科學的發展，許多名詞都被沿用到現在，以代數術語來說，據統計有近 70% 的譯名至今仍在使用。[49]

事實上，李善蘭對於自己譯書的貢獻，也十分自豪：「當今天算名家，非余而誰？近與偉烈君譯成數書，現將竣事，海內談天者必將奉為宗師，李尚之、梅定九恐將瞠乎後矣！」1868 年，李善蘭終於在總理衙門的催促下入京，擔任同文館天算科教習。一直到 1882 年去世為止，他都是同文館中唯一的算學教習。關於他在同文館內的教學活動，見下節討論。除了教學外，李善蘭仍持續數學研究，1872 年在《中西聞見錄》第二號到第四號，他連續刊出論文〈考數根法〉。[50]刊出後，引起當時數學家的關注，《湘學報》甚至在 1897 年還重新轉載。

---

[49] 像我們熟知的「代數」、「變數」、「係數」、「多項式」、「圓錐曲線」、「極限」、「無窮」等等名詞，都是李善蘭與偉烈亞力兩人當時所訂定下來。

[50] 「數根」即為質數，李善蘭提出判斷質數的方法，本質上包含了費馬小定理。

李善蘭作為專業數學家的地位，也得到當時學術界的認可與尊重。因此，張之洞 1875 年出版《書目答問》，編撰〈國朝著述諸家姓名略〉時，儘管原則是「生存人不錄」，但李善蘭「以天算為絕學，故錄一人」破格列入。綜上所述，李善蘭在「則古昔時期」對傳統中算的更新，與會通中西的工作上做出了總結性的成績。到了 1850 年代，「墨海書館時期」以算學名家的地位積極引進西學，為晚清傳統中算匯入世界數學潮流，打通了必要的渠道。更重要的是，他還將這兩個時期的經歷與體悟，落實在同文館的教學上，成為晚清算學教育現代化的最佳例證。

接續李善蘭之後，繼續引進西學，深化晚清數學專業化與制度化的人物，無疑就是華蘅芳。事實上，當李善蘭讀了華蘅芳的《數根術解》，曾寫信讚許他：「樂觀天下言算之士，能知弟所到之境者，惟閣下一人而已。觀大著以垛積解求數根之理，其明徵也。算學用心至此，真鬼神莫測矣，鬼神且莫測，而況于人乎！」顯然李善蘭認為只有華蘅芳能夠了解他的數學工作。事實上，華蘅芳恰逢晚清自強運動熱烈推行之際，他全部的學術生涯都與自強活動相關。

華蘅芳 (1833–1902) 幼年時讀書並不出色（圖 5.4），「七歲讀《大學》章句，旬日不過四行，非百遍不能背誦。十四歲從師習時文，竟日僅作一講，師閱之，塗抹殆盡。」反之，華蘅芳對數學就得心應手多了。十五、六歲時「偶於故書中檢得坊本算法，心竊喜之，日夕展玩，不數月而盡通其義」。

其父華翼綸「見其癖嗜此學，必是性之所近也，遂為之購求算學之書」。包括《周髀算經》、《九章算術》、《孫子算經》、《五曹算經》、《張邱建算經》、《夏侯陽算經》、《緝古算經》、《海島算經》、《益古演段》以及《測圓海鏡》等書。其中，除了《益古演段》和《測圓海鏡》，其餘「為常法所能通者，以加減乘除開方之法馭之，無不迎刃而解。惟於天元之術，則格格不相入者幾及一年，始得渙然冰釋」。天元術「困而學之」的這種經驗，在他學習西方代數、微積分時，一再反覆出現，或許這是華蘅芳為何願意分享學算心得，並寫成《算學筆談》、《算齋瑣語》的緣故。

圖 5.4：華蘅芳畫像

後來，華蘅芳又搜得秦九韶著《數書九章》、梅文鼎著《梅氏曆算全書》、羅士琳著《觀我生室彙稿》、李銳著《李氏遺書》、董祐誠著《董方立遺書》、汪萊著《衡齋算學》、焦循著《焦里堂學算記》、駱騰鳳著《游藝錄》，「始知算學有古今中西之異同」。直到二十歲 (1852) 時，「購得《數理精蘊》，遂能通幾何之學。」換言之，在二十歲時，他已經熟悉第一次西學傳入後的重要中西算學著作。

西元 1852 年左右，華蘅芳前往上海墨海書館拜訪，與李善蘭、偉烈亞力結識。此時李、偉烈兩人正在進行《代數學》與《代微積拾級》的翻譯工作，李善蘭更告之「此為算學中上乘工夫」。華蘅芳「於是知

天元之外，便有代數、微分、積分之術」。幾年之後，華蘅芳獲贈譯本，亦是「批閱數頁外，已不知其所語云何也」。「反覆展玩不輟，乃得稍有頭緒」，不像他早年學習天元術，「不悟則已，一悟則豁然開朗也。」箇中原因，他認為是「代數之術，其層累曲折多於天元」。因此，「其致用之處亦比天元更廣。」

除了算學，華蘅芳也因結識徐壽 (1818–1884)，兩人「朝夕研究，目驗心得，偶有疑難，互相討論，必求渙然冰釋而後已。」在格致之學的造詣突飛猛進。後來，華蘅芳對於李善蘭《火器真訣》「未能滿意，因以積思所得」，寫成《拋物線說》，就是由徐壽作圖。1861 年，兩人進入曾國藩 (1811–1872) 的安慶大營，到安慶軍械所負責製造輪船。1862 年底，兩人完成一艘小型火輪船，並在安慶試航成功。整個過程中，華蘅芳主要貢獻是「推求動理，測算汽機」。同時，華蘅芳也被要求製造砲彈，但成果不盡理想。1865 年，華蘅芳與徐壽在火輪船的基礎上，造出中國第一艘木殼輪船「黃鵠號」。這期間，李善蘭、張文虎等人也陸續來到安慶大營，相與論學。

江南製造局成立後，華蘅芳協助徐壽、李鳳苞 (1834–1887) 等人參與籌劃局務。江南製造局成立之初，徐壽便提議翻譯西書，1868 年得到曾國藩的支持，開設翻譯館，華蘅芳負責翻譯數學和地學方面的書籍，但前三年所譯書均是地學方面，他的第一部譯書是和瑪高溫 (Daniel Jerome Magowan) 合作的《金石識別》(*Manual of Mineralogy*, 1848)，主要介紹礦物學知識，1869 年譯成，1872 年出版。此外，華蘅芳還有《地學淺釋》(*Elements of Geology*, 1865)，是地質學的專書，與瑪高溫合譯，1871 年出版。《防海新論》(*A treatise on coast defense*, 1868) 是討論水路攻守策略的書籍，與傅蘭雅合譯，1871 年出版。《御風要素》(*Law of Storms*) 與金楷理 (C. T. Kreyer) 合譯，1871 年出版，是一部討論海洋暴風的著作。《測候叢談》(*Meteotology*) 也是與金楷理合譯，1877 年出版，是討論氣象觀測的著作。另外，他還與傅蘭雅 (John Fryer) 合譯《風雨表說》及《海用水雷法》，可惜並未刊刻。由上述譯著簡介來看，華蘅芳翻譯這些書與自強運動的軍事需求緊緊相扣。

在譯書過程中，華蘅芳發現傅蘭雅精於數學，且通中國語言文字。因此，華蘅芳的數學譯著均與傅蘭雅合譯，刊刻的數學書有六部：

(1)《代數術》(*Algebra*, 1853)，1873 年出版，作者是英國數學家華里司 (W. Wallace)，原載於《大英百科全書》第八版。

(2)《微積溯源》(*Fluxions*)，1874 年出版，作者也是華里司 (W. Wallace)，同樣是原載於《大英百科全書》第八版。

(3)《三角數理》(*A Treatise on Plane and Spherical Trigonometry*, 1863)，1877 年出版，作者是英國人海麻士 (J. Hymers)。

(4)《代數難題解法》(*Companion to Wood's Algebra*, 1878)，1879 年出版，作者是英國人倫德 (Thomas Lund)。

(5)《決疑數學》，1880 年出版，此書的底本綜合了英國人 T. Galloway 所撰的 *Probabilities*，原載於《大英百科全書》第八版；以及英國人 R. E. Anderson 所撰的 *Probabilities, Chances, or the Theory of Averages*，原載於《Chamber's 百科全書》。

(6)《算式解法》(*Algebra made by easy*, 1898)，1899 年出版，作者是美國人 E. J. Houston & A. E. Kennelly。

另外，譯而未刊的有《代數總法（合數術）》、《相等算式理解》和《配數算法》。就上述內容來看，華蘅芳所譯算書的範圍比李善蘭更為廣泛，涵蓋代數、微積分、三角學，以及機率論。

除了《決疑數學》外，華蘅芳譯書的特色是涉及理論不多，主要著重在算法上。以《代數術》為例，對比李善蘭《代數學》，它就呈現出編序式的特色：一個方法接一個方法，並盡可能以算則 (algorithm) 形式表達每一個方法。如果真的需要對某些定理加以「證明」，常由具體實例開始，便歸結成簡單的「結論」，呈現出相當工具性理解 (instrumental understanding) 數學的傾向。[51]華蘅芳認為

> 夫一切算法，其初皆從算理而出。惟既得其法，則其理即寓於法之中，可以從法以得理，亦可舍理以用法。苟其法不誤，則其理亦必不誤也。

這樣的結果，正是他因應數學「困而學之」經驗所提出的解決之道。同時，這樣的風格與傳統中算的基調非常合拍，使得《代數術》成為晚清新式學堂的主要代數教科書之一。

至於《決疑數學》這部機率論著作的引進，恐怕也是與格物有關的緣故。正如華蘅芳在〈總引〉指出：

> 《決疑數理》為算學中最要之一門也……自古以來格物家所考出之各種學問，除數件事已足以自明之外，其餘各理未必果為真確。則有或多或少疑惑不決之處，或有千分之一、萬

[51] 洪萬生，〈《代數學》：中國近代第一本西方代數學譯本〉。

分之一不定之事，皆可用決疑之理定其各事。

事實上，這正呼應著華蘅芳在自強運動中對自己角色定位的期許。儘管他是算學名家，但他在意的是如何具體實踐算學與自強的關係：在安慶大營便是因製器能力被倚重；在江南製造局則是製造炮彈及翻譯西書。

至於華蘅芳流傳的數學著作有《算法須知》，一部關於加減乘除開方的算學入門教科書。《行素軒算稿》是華蘅芳數學研究的匯集，收錄《開方古義》、《積較術》、《開方別術》、《數根術解》和《學算筆談》。此外，《算草叢存》，包括《三角測量說》、《拋物線說》、《垛積演較》、《積較客難》、《諸乘方變式》、《臺積術解》、《青朱出入圖說》、《求乘數法》、《數根演古》、《循環小數考》和《算齋瑣語》等書。

其中，《學算筆談》都是華蘅芳數學學習的心得整理，也是他最受重視的著作之一，許多書院、學堂都列為教科書。全書共分十二卷，卷一介紹加減乘除開方等基本運算，提供學習心得分享，且附上例題解說，解答學習上的疑惑。卷二則是分數的加減運算。卷三介紹分數化成小數，小數的加減乘除，以及循環小數的性質。卷四則是討論開方法，主要說明開平方法，以及求近似方根。卷六則是討論天元術的運算及正負開方法解方程式的根。卷七的前半段以天元術解《九章算術》的方程章，後半段討論四元術的運算及應用，但華蘅芳認為「天元、四元不如代數之便也」。

《學算筆談》卷八則是介紹符號代數及其運算法則，以及二次、三次方程式根的公式。卷九進一步討論代數中單變數及多變數的變數變換。卷十討論微分的基本概念及微分公式，並介紹泰勒級數和麥克勞林級數。卷十一介紹積分，積分被看成微分的逆運算，前半部以此來討論兩者的關係，後面則是不定積分的求法。至於卷五及卷十二則是收集許多短論式的文章，卷五談如何解題、如何學算、如何馭題等心得；卷十二則是分享關於翻譯、著述、以及續編《疇人傳》的想法。

綜觀華蘅芳生平學術活動，因為他的數學能力最終出眾，得以在自強運動中安身立命。所以，華蘅芳的數學專業自主意識仍然有得到強化，並且展現出來，最好的見證正是《學算筆談》。從《學算筆談》的次序安排看來，華蘅芳心中對於數學的學習進程應是將中西數學會通起來：九章→幾何→天元→代數→微分積分。並且，對於西法早是義無反顧，他在《代數術》的譯序中就公開表示：「代數天元之異同優劣。讀此書者自能知之，無待余言也。」

由此可知，正如同李善蘭一樣，華蘅芳身處中西算學交會的當口，自己由學習中算入門，稍長又身兼西方數學書籍的譯者，儘管他在書中強調傳統中算（天元術、四元術），但關懷的仍是西方數學（代數、微積分）的普及。透過《學算筆談》的分析，我們清楚看到華蘅芳在晚清數學現代化的歷程中，是數學學習的普及者，也是傳入西學的提倡者。透過他在《學算筆談》的現身說法，則是提供數學學習的解決方案，除了中西數學會通，也為傳統中算的現代化鋪好道路。並且，大約從 1880 年代開始，華蘅芳也投身數學教育，開始擔任教習的工作。因此，華蘅芳在二十世紀之初的中國數學教育及傳統數學的現代化上，扮演著領導者的角色。

 5.6 晚清數學知識的制度化與傳播

鴉片戰爭後，整個大清帝國的內在危機逐漸曝露，政治及社會的弊端愈來愈難以收拾，最終導致 1850 年的太平天國之亂。漢族士人曾

國藩、左宗棠 (1812–1885)、胡林翼 (1812–1861)、李鴻章 (1823–1901) 等人乘勢而起，擔任起地區總督或巡撫等重要職務。由於財政、人事任用及軍權的擴大，使得地方督撫具有實質影響力。譬如諸多自強運動的措施，像練兵制器、採煤煉鐵、修鐵路、建學堂、派員留學等事務，無一不是由督撫奏請而推行。1860 年英法聯軍攻占北京，咸豐帝出逃熱河，「自強運動」正是因此而起的革新運動。

如何達到自強？「治國之道，在乎自強，而審時度勢，則自強以練兵為要，練兵以製器為先。」既然自強以練兵為要，練兵以製器為先，而製器的精良與否，就和算學關係密切。1859 年，李善蘭在《重學》序文就強調：「嗚呼！今歐邏巴各國日益強盛，為中國邊患，推原其故，制器精也；推原制器之精，算學明也。」李銳弟子馮桂芬在《校邠廬抗議》〈采西學議〉(1861) 則進一步呼應：

> 一切西學皆從算學出，西人十歲外無人不學算。今欲采西學，自不可不學算，或師西人，或師內地人之知算者皆可。

顯然算學家在論述算學與自強運動的關係，被那些掌握大政的督撫們所接受。如史家王萍的觀察：「當時自強運動之首要人物如曾國藩、左宗棠、李鴻章等人並不善算，而算學與製造技術之間的關係，又非一般人所能理解，故曾、左、李諸人在這方面的見解，必受算學家之影響無疑。」進而由數學與制器的關聯，主張翻譯館的設立也獲支持。1868 年，江南製造局設立翻譯館，由傅蘭雅和華蘅芳負責西方數學著作的翻譯，成為自強運動期間最重要的西方書籍翻譯和出版的機構，見前文所述。

另外，算學對於自強運動的重要，也進一步落實到開辦新式學堂。

像 1863 年設立的上海同文館（1867 年改稱上海廣方言館），將算學與外語列為必修課程。1864 年設立的廣東同文館，則延請漢文、西文教習各一人。1866 年 11 月恭親王奕訢 (1833–1898) 也提議在京師同文館內加設天文算學館，才有李善蘭北上擔任算學教習的召請。

京師同文館創立於 1862 年，最初是語言學校，訓練翻譯人員。儘管 1867 年開始增設天文算學館，然而，它受到開館時原先希望京官具舉人資格去就學而引起很大爭議，一直有學生不足的問題。直到 1868 年上海廣方言館、廣東同文館開始咨送優秀學生到京師同文館進修，李善蘭應召擔任算學教習後，同文館的算學教學才逐漸步上軌道。1869 年，丁韙良 (W. A. P. Martin, 1827–1916) 擔任京師同文館總教習，經過他大力整頓館務，使得同文館轉型成以外語為主，兼習多門西學的綜合性學習機構，其目的是想要建立中國第一所現代意義的學院或大學。

圖 5.5：李善蘭及其京師同文館學生

西元 1879 年刊行的《同文館題名錄》，記載著丁韙良公布的課程設計，依據不同的教育目的，若是翻譯人才，「由洋文而及諸學共須八年」；「無暇肄及洋文，僅藉譯本而求諸學者，共須五年」兩種。以五年制為例，逐年科目如下：

> 首年：數理啟蒙。九章算法。代數學。
> 二年：學四元解。幾何原本。平三角。弧三角。
> 三年：格物入門。兼講化學。重學測算。
> 四年：微分積分。航海測算。天文測算。講求機器。
> 五年：萬國公法。富國策。天文測算。地理金石。

至於同文館的算學課程內容，根據《清會典》，凡算學「以加減乘除而入門，次《九章》，次八線，次則測量，次則中法之四元術、西法之代數術」。接著，是正弧三角及次形次弧三角，天文測算，以及「講求重學，以明演放砲位，駕駛舟車，一切營建制造之法。以至代微積拾級諸算之精密焉」。不過，實際教學內容，由各館教習「隨時體察，酌量變通」。

事實上，透過分析同文館的算學歲試及大考題目，[52]能約略了解李善蘭的教學活動。以 1870 年的歲試題目為例，在 20 道問題中，第 1、2 題屬於球面三角，第 4 題為平面三角。而第 3、10、11 題則屬幾何問題，其中第 10 與 11 兩題應是出自《幾何原本》。至於第 5、6、9 題，則為勾股問題，應與《九章算術》中的「勾股」問題有關，第 7

---

[52] 京師同文館的考試分成月課、季考、歲試和大考四種，月課在每月月終，季考在 2、5、8、11 月，歲試在每年封印前（舊時官署於歲暮、年初停止辦公，稱為封印），大考則是每三年舉行一次。

題出自《測圓海鏡》一書，第 8、16、17 題是「格物測算」的範圍。第 12、13、14 題為代數題，屬於「代數學」或「學四元解」。第 15 題屬算術類型，可能出自「數理啟蒙」。第 18 題為簡單的「天文測算」。至於第 19、20 題，為《九章算術》中的「少廣」問題。[53]

這份考題涉及的數學知識與科學知識相當廣泛，包括幾何學、三角學、代數學、勾股問題、物理、天文知識等。這只是李善蘭來到同文館後的第三年，可見同文館的教學內容相當紮實。另外，考題中西算法兼顧，也呼應李善蘭「合中西為一法」的理念，不過，這可能是出於教學上和政治上的考量。在 1880 年同文館出版的《算學課藝》卷三，所有問題均出自《測圓海鏡》，卻幾乎都以代數列式求解。只有少數問題保留天元術形式的解法，但也融入代數運算符號與指數表示，恰是代數取代天元術的最佳例證。對李善蘭來說，天元術是「會通中西及進一步學習西法的基礎。更重要地，它為自強運動的倡導西學留下了可以迂迴的防衛空間」。[54]相對來看，得益於自強運動西化程度日漸加深，華蘅芳擁抱西法無所罣礙：「余又與西士傅蘭雅譯出《代數術》、《微積溯源》、《三角數理》、《代數難題解法》流播於世，於是今之言算者皆知西法之代數即是中法之四元，而其淺深難易則不可同日而語矣。」

西元 1880 年，華蘅芳離開天津，擔任格致書院上海公書院教習。1887 年到天津武備學堂講學，發現學生「皆自淮軍各營選來武夫」，「難言幾何、代數之精」，只能教教測量學，還寫了《三角測量說》當作教材。1890 年張之洞在武昌籌設兩湖書院，書院分成經學、史學、

---

[53] 參考洪萬生，〈同文館算學教習李善蘭〉。

[54] 參考同上。

理學、文學、算學和經濟學六門，1892 年，華蘅芳就在兩湖書院主講算學課程。1896 年張之洞改兩湖書院課程為經、史、輿地與時務四門，1897 年，又把時務門改成算學門。張之洞認為：「經學、史學、地圖、算學四門，皆致用必需之學，缺一不可，茲定為四門兼習。」並且要求「人人皆習算學」，為分擔教學工作，特別允許華蘅芳挑選八名算學程度較好的學生任算學分教，給予薪水，但「須通代數、微積」。由此可知，張之洞重視算學，且課程以能通代數、微分、積分為目標。

在曾國藩之後，就屬張之洞對華蘅芳最為器重，1898 年張之洞保舉經濟特科名單時，就以「算家耆宿、士林宗仰」為由，將他附名在薦牘上。同年，華蘅芳回到家鄉，到楊模開辦的無錫竢實學堂任教二年。1899 年，他移居上海，持續在江南製造局參與譯書工作。1902 年，卒於家，享年七十歲。

以上我們僅就李善蘭與華蘅芳兩人的算學生涯簡略說明，藉以在下文鋪陳晚清數學教育之建制改革。1897 年兩湖書院改章，全面重視算學，正是反映甲午戰敗後，對於晚清變局而起的教育變革之趨向。1894 年的甲午戰敗是自強運動的分界點，標誌著以製器為方向的自強運動失敗，取而代之，是張之洞、盛宣懷 (1844–1916) 等人主導，以練兵、理財、育才並重的自強運動。原本以翻譯和軍事人才為主的洋務學堂（如同文館、福州船政學堂等）已不足為用，取而代之的是傳統書院的變通、新式學堂的設立以及學制的改變，有利於算學制度化的奠定。

在第二次鴉片戰爭後，各地督撫興辦洋務學堂、軍事學堂、新式學堂或是書院改章。陡興的數學教育工作，使得很大一批的數學家應聘為算學教習、書院山長或是分校，脫離傳統以幕友、家館與校書這些較不穩定的工作。據史家田淼的統計，1860–1905 年間，有近 50 位數學家曾擔任數學教師的職位。例如李善蘭、華蘅芳、鄒伯奇 (1819–1869)、劉彝程、吳嘉善 (1818–1885)、華世芳 (1854–1905)、沈善蒸、時曰醇、席淦 (1845–1917)、劉光蕡 (1843–1903) 等人。[55]

至於薪俸，據資料顯示，劉彝程擔任上海廣方言館教習每月約白銀二十五兩，沈善蒸任副教習約白銀十八兩；廣東同文館的漢學教席（兼課算學）吳嘉善則是四十兩；至於京師同文館則更為豐厚。當然，一般書院、學堂沒有這麼高，但也能維持家計。更重要的是，算學家的地位隨著算學被重視而提高。例如，沒有功名的數學家劉彝程在求志書院時，與清末重要的經學家，進士出身的俞樾 (1821–1907) 同為齋長，平起平坐。換言之，清末的數學家獲得經濟上的獨立，可以用數學專業謀生，同時與經學家、史學家一樣擁有相當的社會地位，這當然大大強化了數學家的專業自主意識。於是，等到 1904 年學制頒布後，中國數學（教育）制度化已經大勢底定。

除了數學教育的制度化逐漸建立，教學內容也朝現代化的方向前進，下面以算學家華世芳所主持的常州龍城書院為例說明。龍城書院是一所創於明朝的傳統書院，1896 年改制為經古精舍與致用精舍，而致用精舍設有算學、輿地兩種課程，並由擔任山長的華世芳負責講授。華世芳為華蘅芳之弟，以善算之名遍播士林，自幼「聞徐雪村（徐壽）與若汀（華蘅芳）討論曆算、格致、製造諸學，心好之長，乃盡通其奧」。

當龍城書院改制時，華世芳為其「訂章授課，規畫井井，造就成材者眾，學風蔚然」。據歐士福分析《龍城書院課藝》中所收錄 1896 到 1901 年間學生算學課作與試題，發現李善蘭的算學著作，如《方圓

[55] 參考田淼，《中國數學的西化歷程》，頁 222。

闡幽》、《對數探源》、《級數回求》都是學生所熟悉。並且算學教學方向逐漸西化，學生所使用的書籍也以西法為主，像是《代微積拾級》、《微積溯源》、《代數術》、《代數難題解法》、《三角數理》、《幾何原本》、《談天》、《重學》等，這些李善蘭與華蘅芳翻譯的西方書籍都是書院學生的主要參考書籍。[56]這樣的結果，正是整個晚清數學的走向。

西元 1898 年前後，對於學習年限、課程設置、專業規劃，以及教材教法等方面具有現代學校意義的新式學堂陸續出現，像京師大學堂在 1898 年設立，同文館在 1901 年被併入京師大學堂。戊戌變法後，更諭令「除京師已設大學堂應切實整頓外，著各省所有書院，於省城均改設大學堂，各府及直隸州均改設中學堂，各州縣均改設小學堂，並多設蒙養學堂」。同時，為了解決師資問題，各地也辦起師範學堂，這些大、中、小學堂及師範學堂的課程中，數學都是必修課程。然而，傳統中算已經退出晚清數學教育的舞臺。1905 年，在張之洞等人的奏請下，決定廢除科舉考試，完成中國教育制度的變革。連帶數學教育的現代化也因之底定。

在本節最後，我們還需要介紹一位「在野」的晚清算學家丁取忠。當我們討論晚清數學由傳統中算走向現代數學的「過渡」，李善蘭與華蘅芳絕對是最重要的兩位數學家，他們憑藉的正是自強運動建立的制度化基礎。不過，對比李、華兩人在晚清自強運動中的「聞達」，僻居湖南長沙的丁取忠澹泊耿介，不求聞達，聚徒講學，刊刻算書，成為當時算學家另一種典型。並且，他在此一「過渡」扮演的角色，值得我們給予更多的注意。

丁取忠 (1810–1877) 自述「少喜步算」，但還是二十歲以後，才開

---

[56] 歐士福，《從算學試題看晚清自強運動期間數學教育與數學傳播》。

始學習算學。然而「苦無師承，又地僻不能得書」。或許這是他晚年匯刻《白芙堂算學叢書》的動機之一。後來，在表弟李錫蕃協助下，丁取忠聚書日廣，如《數學九章》、《益古演段》、《測圓海鏡》、《算學啟蒙》，以及李潢《緝古算經考注》，張敦仁《求一算術》，與焦循、李銳、張作楠等人著作，「罔不搜羅獲而賅究之，寢饋弗忘。」和李錫蕃討論勾股和較互求問題時，丁取忠對借根方留下深刻印象。可惜，李錫蕃英年早歿，書稿未能完成，後來在吳嘉善的協助下完成《借根勾股細草》，後來收入《白芙堂算學叢書》。

丁取忠與吳嘉善兩人都志在數學普及，「相往來，舉生平疑義，往返研究」，遂成《算書十七種》(1863)。吳嘉善在推薦序文中提到：「嘗相與語，以為近時津逮初學之書，苦無善本。梅文穆公所增刪《算法統宗》，今亦不傳。因商榷共述此卷，取其淺近易曉者，以為升高行遠之助云。」書成後，丁取忠「博求四方通算之士，互相考正」，像李善蘭為其校正、鄒伯奇則閒有參定，足見博求校參的嚴謹態度。1872年，丁取忠再擴增四種，重刊成《算書廿一種》，亦收入《白芙堂算學叢書》。

事實上，友朋請益討論是丁取忠研究算學最重要的活動，像《粟布演草》這部討論借貸生息的論文，就是他和吳嘉善、李善蘭，以及鄒伯奇往返討論，最後「理歸一貫」而成。更在會通天元、借根方與代數的考量下，同時將三種算法並列，期許學者「比類參觀，易於領悟也」。然而，研讀過《代數術》的丁取忠，看來是充分體會代數的便利性，1875年增列《粟布演草補》時，就期盼能「或兼可為習代數者導之先路也」。

當我們將李善蘭、華蘅芳和丁取忠三位在晚清數學現代化過程中，扮演著積極角色的數學家放在一起，恰能清楚地看到十九世紀六十年代、七十年代到八十年代，西方代數如何逐漸取代天元術的歷程。對李善蘭來說，同文館「合中西為一法」的教學，儘管還是以代數為主，但從未公開推崇代數的優越。到了華蘅芳，自強運動達到高峰，他就明白地指出代數勝過天元，因此《學算筆談》的論述，是為學習代數、微分、積分等西方數學而準備。

至於丁取忠「在野」身分，使得他學習、推廣代數學顯得悠游自在。而意在數學普及匯刻的《白芙堂算學叢書》仍然需要贊助才能達成；「出版所用資金，包括胡林翼早年贈予丁氏『買書之資』，左宗棠捐銀三百兩，彭嘉玉捐銀一百兩等，餘則由丁氏罄盡薄產。」儘管刻書讓他散盡家財，「不名一錢」。卻也讓我們見識到另一種算學家典型：「撰著自娛，聚徒講求算學，刊刻算書」。這是在李善蘭、華蘅芳等人看不到的風貌，讓我們能更完整拼湊出晚清數學家活動的圖像。

總之，這三百年的中國數學發展，可說是在傳入的西方數學主導下，傳統中國算學被迫與之對話的曲折過程。然而，在其過程中知識傳播者、知識接受者與知識之間的權力消長、融解，透過數學社會史的進路能讓我們清楚理解。下面就來敘說影響整個清代算學家的「**西學中源**」說。

「西學中源」的意識形態功能

西元 1866 年，總理各國事務衙門的恭親王奕訢提議在同文館內加設天文算學館，不料引起中央官員間激烈辯論，這是自強運動改革派與傳統派士人的一次交鋒。傳統派反對的論點歸結有三：「以此舉為不急之務」、「以舍中法而從西人為非」、「以中國之人師法西人為深可恥者」。對於「舍中法而就西法」的說法，奕訢搬出「西學中源」加以化

解：「查西術之借根方實本於中術之天元，彼西士目為東來法。」其實「法固中國之法也」。況且

> 西人之術，我聖祖仁皇帝深韙之矣，當時列在台官，垂為時憲，兼容並包，智周無外，本朝掌故亦不宜數典而忘。況六藝之中，數居其一。……我朝康熙年間，特除私習天文之禁，由是人文蔚起，天學盛行，治經之儒皆兼治數，各家著述考證俱精。語曰：「一物不知，儒者之恥。」士子出戶，舉目見天，顧不解列宿為何物，亦足羞也。即今日不設此館，猶定肄業及之，況乎懸的以招哉？[57]

此番說法見證康熙皇帝和乾嘉學派對於算學的影響，反對陣營不好再以此論點攻之。

事實上，清代最重要的曆算書籍，像《數理精蘊》、《四庫全書》中的〈天文算法類提要〉，以及《疇人傳》（包含續編、三編及四編）等作品中，「西學中源」都是詮釋中國曆算史與曆算學知識的主要論述，溯其本源，對此說傳播關鍵影響者，公認是康熙皇帝與梅文鼎。康熙在〈三角形推算法論〉提到：

> 論者以古法今法之不同，深不知曆。曆原出自中國，傳及於極西，西人守之不失，測量不已，歲歲增修，所以得其差分之疏密，非有他術也。

[57] 〈同治五年十二月二十三日總理各國事務奕訢等摺〉，收入楊家駱主編，《洋務運動文獻彙編》第二冊，頁 24–25。

經過曆獄事件的康熙，為了合理化採行西法制曆的立場，平息士人對於《時憲曆》的質疑，提出「曆原出自中國，傳及於極西」的說法。不過，西人「守之不失，測量不已，歲歲增修」。在不斷改進下，測量及推算均有長足發展，勝過中法。既然中西曆法源頭相同，採行西法「其名色條目雖有不同，實無關於曆原」。進一步，康熙還強調數學在曆法上的重要性：「日月星辰交食淩犯，入差清濛地氣之考」，「非測量難得其詳。有測量而無推算，勢不可成。」而且，「上古若無眾角歸圓，何能得曆之根，而成八線之表？」一口氣將西法中制曆最重要的三角函數之源頭推至上古。換言之，康熙的說法讓隨曆法進入中國的西洋數學，也有了學習的正當性。

康熙的〈三角形推算法論〉傳播甚廣，由於他在多次場合與大臣、文人談論，為清代文人所熟悉。梅文鼎知曉後，對此說大表贊成：「伏讀聖制三角形論，謂古人曆法流傳西土，彼土之人習而加精焉爾。天語煌煌，可息諸家聚訟。」對於「嘗病中西兩家之歷，聚訟紛紜」，抱持「歷以敬授人時，何論中西，吾取其合天者，從之而已」態度的梅文鼎而言，康熙的說法無疑創造出學習西學的迴旋空間。

然而，康熙的西學中源只是口號，提不出證據。梅文鼎在面見康熙後，經過多年醞釀，建構完成整個「西學中源」的論述架構，說明中學如何西傳，並補上種種「證據」，寫成《曆學疑問補》一書。他引用司馬遷《史記》，創造出曆法西傳史：「幽厲之時，疇人子弟分散，或在諸夏，或在夷狄。」推論疇人隨著戰亂四散諸方，傳播曆法，古已有之。而精通曆法者為何多來自西方，則語出《堯典》，透過傳播論的觀點，說明曆法係由中土往西方傳播，各處曆法皆承繼自中法。異地之人配合各自信仰的需求，訂定不同的曆法。不過，只有中國陰陽合曆的曆法合於「自然」。因此，中法既古且優。

不僅在曆法上，梅文鼎在數學上的立場也有相同轉變。早期他認為「自利氏以西算鳴」，於是中西兩家之法，「派別枝分，各有本末，而理實同歸。」後來，梅文鼎從《周髀算經》找到「證據」，推論出「算術本自中土傳及遠西」。因此，當西人慕義而來，除了治曆明時，也讓古人測算之法，「得西說而始全」。在這樣的詮釋下，西學是用來驗證古學。並且「步算之道，必後勝於前。有故可求，則修改易善」。

換言之，傳教士自認新的西方曆算學，被梅文鼎翻轉成舊學，納入士人能接受的文化框架中。關於此點，馮桂芬觀察入微：

> 西法自有明入中國後，通之者尚鮮，至我朝宣城梅定九先生，以通敏絕特之姿，殫心畢力專治是學，遂以成千古未有之盛業，蓋能用西人而不為西人所用者也，嗚呼盛矣。

儘管梅文鼎應合康熙的說法，但兩人的立場並不相同。即使認為西法優異，但對於亟欲拉攏漢人力量以抗衡傳教士的康熙來說，還是接納了梅文鼎版本的「西學中源」，並且透過梅瑴成，將之融合成為官方說法，在《數理精蘊》上編卷一〈周髀經解〉提到：

> 我朝定鼎以來，遠人慕化，至者漸多，有湯若望、南懷仁、安多、閔明我，相繼治理曆法，間明算學，而度數之理，漸加詳備。然詢其所自，皆云本中土所流傳。……周末疇人子弟，失官分散，嗣經秦火，中原之典章，既多缺佚，而海外之支流，反得真傳，此西學之所以有本也。

編者特意將〈周髀經解〉放在卷一，表明傳統經典《周髀算經》乃為算學之源，西法奠基於上，不難看出「西學中源」是《數理精蘊》全書最重要核心主張。進一步，梅瑴成還參與《明史》曆志的纂修工作，倡導「西學中源」，強化官方的態度。

此外，另一個被康熙視為「西學中源」說的證據，即是被傳教士稱為「東來法」的代數學 (algebra)。[58]代數在康熙時代被音譯為「阿爾熱巴拉」、「阿爾朱巴爾」、「阿爾熱八達」，或是稱為「借根方」。當傳教士向康熙講解代數學時，很可能把代數學的語源介紹給康熙。康熙最遲在 1711 年，就經由傳教士知道這方法。他曾諭直隸巡撫趙弘燮：「夫算法之理，皆出自《易經》。即西洋算法亦善，原係中國算法，彼稱為阿爾朱巴爾。阿爾朱巴爾者，傳自東方之謂也。」使得代數源自中國成為「西學中源」論述的證據。

後來，梅瑴成進一步提出「天元一即借根方解」的說法，這不僅激起乾嘉時期算學家對於天元術研究的風潮，也為「西學中源」的說法提供另一項有力證據。而乾嘉時期的學者承繼且大力宣揚「西學中源」，代表作即為《四庫全書總目》的〈天文算法類提要〉，以及《疇人傳》。至此，「西學中源」由官方向民間傳播開來，成為清代最重要的學說之一，到了晚清時期，如前所述，也成為自強運動正反雙方攻防的論據。

在本章前幾節中，我們從數學社會史的角度，爬梳這三百年中國數學發展的歷程。明末清初，西方數學藉著曆法被傳教士們傳入中國，在梅文鼎身上可以看到西學如何被消納吸收，幫助傳統數學被重新理解。而康熙皇帝將曆算研究與政治相結合，將算學知識當成權力展示

---

[58] 代數學 (*al-jabr*) 由東方的阿拉伯傳入歐洲，在十六至十七世紀代數學成為歐洲數學的焦點，這些來華的傳教士應是熟知此事，或許這樣的命名是有意為之。

的媒介，進而拔擢具有曆算才能的士人，驅動著士人習算的風潮。而上行下效的李光地對梅文鼎之贊助，才能說明梅氏算學世家的出現，同時，康熙皇帝下令編修的《數理精蘊》，這部以西方數學為主體的著作，也成為康熙禁教後，西方數學無法輸入，清代算學家學習數學的主要文本。乾嘉時期，宋元數學的天元術得以復興，與算學家對於《數理精蘊》中的借根方充分理解密不可分。

此外，算學也在乾嘉學派倡議「專門之學」的學術環境中，轉變成為經學的分支，促使治算為志業的專門算學家得以出現。「談天三友」焦循、汪萊和李銳正是這種身分「分化」的先驅代表，可以看到算學如何依附在經學上，進而逐漸取得自主發展地位的過程。同樣得益於乾嘉學派的還有李善蘭，他在翻譯西方《代數學》及《代微積拾級》能夠得心應手，要歸功於他對《測圓海鏡》中天元術的完全理解。同時，李善蘭對於算學專業化的自我認同也讓人印象深刻。他的自覺，一部分來自乾嘉學派的學術環境，另一部分就是「算學與自強」的關聯而獲得強化。

當然，在各地方督撫認同「一切西學皆從算學出」的背景下，算學成了自強運動重要的符號。各地新式學堂的教習、製造局、翻譯館，以及官書局的校席等工作，促使算學制度化的基礎得以建立。包括華蘅芳在內的許多算學專門名家，都能找到安身立命之所，有著與經學家、史學家相當的社會地位，強化了其專業自主的意識。因此，1904 年的學制頒布實施，1905 年廢除科舉考試，完成中國教育制度的變革。連帶的，數學（教育）的現代化也因之底定。因此，這三百年的數學發展，表面上看來不全然是呼應西化的潮流，但終究幫助傳統中算納入西方數學的主流之中，完成了中國傳統數學西化的歷程。

參考文獻

各章節撰寫名單

第 1 章　蘇惠玉

第 2 章　蘇惠玉

第 3 章　蘇惠玉

第 4 章　陳彥宏

第 5 章　蘇俊鴻

第 1 章

· Biagioli, Mario (1989). "The Social Status of Italian Mathematicians: 1450–1600", *History of Science* 27 (1): 41–95.

· Boyer, Carl. B. (1991). *A History of Mathematics*. Canada: John Wiley & Sons, Inc.

· Cardano, Girolemo (1993). *Ars Magna, or the Rules of Algebra*. New York: Dover Publications, INC.

· Descartes, Rene (1952). *Rules for the Direction of the Mind*, in R. M. Hutchins ed., *Great Books of Western World*, volume 31. Chicago: Encyclopædia Britannica, Inc.

· Descartes, Rene (1954). *The Geometry of René Descartes* (translated from the French and Latin by D. E. Smith and M. L. Latham). New York: Dover Publications, INC.

· Fauvel, John and Jeremy Gray eds. (1987). *The History of Mathematics: A Reader*. London: The Open University.

· Grattan-Guinness, Ivor (1997). *The Fontana History of the Mathematical Sciences*. London: Harper Collins Publishers.

· Katz, Victor (2004).《數學史通論》（第 2 版）(*A History of Mathematics: An Introduction*, second edition)，李文林等譯，北京：高等教育出版社。

· Katz, Victor (2009). *A History of Mathematics*: *An Introduction* (3rd edition). Boston: Addison Wesley.

· Kleiner, Israel (2007). *A History of Abstract Algebra*. Boston/Basel/Berlin: Birkhauser.

· Smith, David E. (1959). *A Source Book in Mathematics*. New York: Dover Publications, INC.

· Xu, Yibao（徐義保）(2005). "The first Chinese translation of the last nine books of Euclid's *Elements* and its source", *Historia Mathematica* 32(1): 4–32.

· 柏林霍夫 (William P. Berlinghoff)、辜維亞 (Fernando Q. Gouvea, 2008)，《溫柔數學史》(*Math through the Ages: A Gentle History for Teachers and Others*)，洪萬生、英家銘暨 HPM 團隊合譯，臺北：五南圖書公司。

· 奔特、瓊斯、貝迪恩特 (Lucas N. H. Bunt, P. Phillip Jones and Jack Bedient, 2019)，《數學起源：進入古代數學家的另類思考》，黃俊瑋等譯，臺北：五南圖書公司。

· 馬祖爾 (Joseph Mazur, 2015)，《啟蒙的符號》，洪萬生等譯，臺北：臉譜出版。

· 毛爾 (Eli Maor, 2000)，《毛起來說三角》(*Trigonometric Delights*)，臺北：天下遠見出版公司。

· 德福林 (Keith Devlin, 2013)，《數字人：斐波那契的兔子》(*The Man of Numbers*)，洪萬生、蘇惠玉譯，臺北：五南圖書公司。
· 牛頓 (2005)，《自然哲學的數學原理》，王克迪譯，臺北：大塊文化。
· 李文林主編 (2000)，《數學珍寶：歷史文獻精選》，臺北：九章出版社。
· 劉雅茵 (2018)，〈約翰・迪伊：一個有神祕色彩的數學家〉，載洪萬生主編，《窺探天機：你所不知道的數學家》，頁 96–110，臺北：三民書局。
· 克藍因 (Morris Kline, 1995)，《西方文化中的數學》，張祖貴譯，臺北：九章出版社。
· 洪萬生 (2007)，〈阿基米德的現代性：再生羊皮書的時光之旅〉，《HPM 通訊》10(9): 1–4。
· 洪萬生 (2014)，〈「虛數」先「實說」〉，載洪萬生等，《數說新語》，頁 143–150，臺北：開學文化。
· 洪萬生 (2017)，〈解讀帕喬利：眼見為真！視而不見？〉，《高中數學電子報》第 125 期。
· 洪萬生 (2017)，〈資本主義與十七世紀歐洲數學：以會計史上的數學家為例〉，《教育部數學學科中心電子報》第 126 期。
· 洪萬生 (2018)，〈符號法則之外，你不知道的韋達〉，載洪萬生主編，《窺探天機：你所不知道的數學家》，頁 111–125，臺北：三民書局。
· 洪萬生主編 (2018)，《窺探天機：你所不知道的數學家》，臺北：三民書局。
· 金格瑞 (Owen Gingerich, 2007)，《追蹤哥白尼：一部徹底改變歷史但沒人讀過的書》，賴盈滿譯，臺北：遠流出版公司。

· 伽利略 (2005)，《關於兩門新科學的對話》，臺北：大塊文化。

· 謝平 (Steve Shapin, 2016)，《科學革命》(*The Scientific Revolution*)，林巧玲、許宏彬譯，新北：左岸文化出版社。

· 項武義、張海潮、姚珩 (2010)，《千古之謎：幾何、天文與物理兩千年》，臺北：臺灣商務印書館。

· 張海潮、沈貽婷 (2015)，《古代天文學中的幾何方法》，臺北：三民書局。

· 陳敏皓 (2004)，〈集繪畫與數學於一身——法蘭契斯卡〉，《HPM 通訊》7(11): 10–17。

· 蘇惠玉 (2014)，〈布里格斯的《對數算術》與對數表的製作〉，《HPM 通訊》17(6): 11–18。

· 蘇惠玉 (2017)，〈拯救數學家壽命的發明〉，《追本數源：你不知道的數學祕密》，頁 21–28，臺北：三民書局。

· 蘇惠玉 (2017)，〈數學武林地位爭奪戰——三次方程式公式解的優先權之爭〉，《追本數源：你不知道的數學祕密》，頁 15–20，臺北：三民書局。

· 蘇惠玉 (2017)，《追本數源：你不知道的數學祕密》，臺北：三民書局。

· 蘇俊鴻 (2014)，〈對數的誕生〉，載洪萬生、蘇惠玉、蘇俊鴻、郭慶章，《數說新語》，頁 157–162，臺北：開學文化。

· 索爾 (Jacob Soll, 2017)，《大查帳》，陳儀譯，臺北：時報文化。

· 英家銘、蘇意雯 (2009)，〈數學與禮物交換：文藝復興時期數學家的社會互動〉，載洪萬生等，《當數學遇見文化》，頁 110–121，臺北：三民書局。

第2章

- Boyer, Carl. B. (1991). *A History of Mathematics*. Canada: John Wiley & Sons, Inc.
- Cardano, Girolemo (1993). *Ars Magna, or the Rules of Algebra*. New York: Dover Publications, INC.
- Descartes, Rene (1952). *Rules for the Direction of the Mind*, in R. M. Hutchins ed., *Great Books of Western World*, volume 31. Chicago: Encyclopædia Britannica, Inc.
- Descartes, Rene (1954). *The Geometry of René Descartes* (translated from the French and Latin by D. E. Smith and M. L. Latham). New York: Dover Publications, INC.
- Fauvel, John and Jeremy Gray eds. (1987). *The History of Mathematics: A Reader*. London: The Open University.
- Grattan-Guinness, Ivor (1997). *The Fontana History of the Mathematical Sciences*. London: Harper Collins Publishers.
- Katz, Victor (2004).《數學史通論》(第2版),李文林等譯,北京:高等教育出版社。
- Katz, Victor (2009). *A History of Mathematics: An Introduction* (3rd edition). Boston: Addison Wesley.
- Smith, David E. (1959). *A Source Book in Mathematics*. New York: Dover Publications, INC.
- 柏林霍夫、辜維亞,《溫柔數學史》,洪萬生、英家銘暨 HPM 團隊合譯,臺北:五南圖書公司。
- 毛爾,《毛起來說三角》,臺北:天下遠見出版公司。

· 德福林 (2013)，《數字人：斐波那契的兔子》，洪萬生、蘇惠玉譯，臺北：五南圖書公司。
· 牛頓 (2005)，《自然哲學的數學原理》，王克迪譯，臺北：大塊文化。
李文林主編 (2000)，《數學珍寶》，臺北：九章出版社。
· 克萊因 (1995)，《西方文化中的數學》，張祖貴譯，臺北：九章出版社。
· 洪萬生 (2007)，〈阿基米德的現代性 ： 再生羊皮書的時光之旅〉，《HPM 通訊》10(9): 1–4。
· 洪萬生 (2017)，〈解讀帕喬利：眼見為真！視而不見？〉，《高中數學電子報》第 125 期。
· 洪萬生 (2017)，〈資本主義與十七世紀歐洲數學：以會計史上的數學家為例〉，《教育部數學學科中心電子報》第 126 期。
· 洪萬生 (2022)，〈從圭竇形到拋物線：閒話數學名詞的翻譯語境〉，《數學故事讀說寫：敘事・閱讀・寫作》，頁 159–183，臺北：三民書局。
· 洪萬生主編 (2018)，《窺探天機：你所不知道的數學家》，臺北：三民書局。
· 金格瑞 (2007)，《追蹤哥白尼：一部徹底改變歷史但沒人讀過的書》，賴盈滿譯，臺北：遠流出版公司。
· 伽利略 (2005)，《關於兩門新科學的對話》，臺北：大塊文化。
· 謝平 (2016)，《科學革命》，林巧玲、許宏彬譯，新北：左岸文化出版社。
· 項武義、張海潮、姚珩 (2010)，《千古之謎：幾何、天文與物理兩千年》，臺北：臺灣商務印書館。

· 張海潮、沈貽婷 (2015)，《古代天文學中的幾何方法》，臺北：三民書局。
· 陳敏晧 (2004)，〈集繪畫與數學於一身——法蘭契斯卡〉，《HPM 通訊》7(11): 10–17。
· 索爾 (Jacob Soll, 2017)，《大查帳》，陳儀譯，臺北：時報文化。

第 3 章

· Boyer, Carl B. (1946/2004). *History of Analytic Geometry*. New York: Dover Publications, INC.
· Boyer, Carl B. (1985). *A History of Mathematics*. Princeton, NJ: Princeton University Press.
· Calinger, Ronald (1999). *A Contextual History of Mathematics*. New Jersey: Prentice-Hall.
· Descartes, Rene (1954). *The Geometry of René Descartes* (translated from the French and Latin by D. E. Smith and M. L. Latham). New York: Dover Publications, INC.
· Descartes, Rene (1968). *The Philosophical Works of Descartes* (translated by E. S. Haldane and G. R. T. Ross). London: Cambridge At the University Press.
· Edwards, A. (1987). *Pascal's Arithmetical Triangle*. U.K.: Charles Griffin & Company Limited. 1987.
· Fauvel, John and Jeremy Gray eds. (1987). *The History of Mathematics: A Reader*. London: The Open University.

- Grattan-Guinness, Ivor (1997). *The Fontana History of the Mathematical Sciences*. London: Harper Collins Publishers.
- Katz, Victor (2004).《數學史通論》(第 2 版)，李文林等譯，北京：高等教育出版社。
- Katz, Victor J. (2009). *A History of Mathematics*: *An Introduction* (3rd edition). Boston: Addison Wesley.
- Nuffield Foundation (1994). *The History of Mathematics*. Singapore: Longman Singapore.
- Smith, David E. (1959). *A Source Book in Mathematics*. New York: Dover Publications.
- Strogatz, Steven (2020)，《無限的力量》(*Infinite Powers: How Calculus Reveals the Secret of the Universe*)，黃駿譯，臺北：旗標科技有限公司。
- 柏林霍夫、辜維亞，《溫柔數學史》，洪萬生、英家銘暨 HPM 團隊合譯，臺北：五南圖書公司。
- 笛卡兒 (1972)，《我思故我在》，錢志純編譯，臺北：志文出版社。
- 李文林主編 (2000)，《數學珍寶：歷史文獻精選》，臺北：九章出版社。
- 克萊因 (1983)，《數學史：數學思想的發展》，林炎全、洪萬生、張靜嚳、楊康景松譯，臺北：九章出版社。
- 克萊因 (1995)，《西方文化中的數學》，張祖貴譯，臺北：九章出版社。
- 洪萬生 (2022)，〈數學女孩：FLT(4) 與 1986 年風景〉，《數學故事讀說寫：敘事・閱讀・寫作》，頁 275–295，臺北：三民書局。

· 結城浩 (2011)，《數學女孩：費馬最後定理》，新北：世茂出版。
· 辛 (S. Singh, 1998)，《費馬最後定理》，臺北：臺灣商務印書館。

第 4 章

· Boyer, Carl (1985). *A History of Mathematics*. Princeton, NJ: Princeton University Press.
· Grattan-Guinness, Ivor (1997). *The Fontana History of Mathematical Sciences*. London: Fontana Press.
· Kleiner, Israel (1989). "Evolution of the Function Concept: A Brief Survey", *The College Mathematical Journal* 20(4): 282–300.
· Kline, Morris (1972). *Mathematical Thought from Ancient to Modern Times*. New York: Oxford University Press.
· Strogatz, Steven (2020)，《無限的力量》，黃駿譯，臺北：旗標科技有限公司。
· Struik, Dirk (1987). *A Concise History of Mathematics*. New York: Dover Publications, INC.
· 克藍因 (2004)，《數學：確定性的失落》(*Mathematics: The Loss of Certainty*)，趙學信、翁秉仁譯，臺北：臺灣商務印書館。
· 齊斯・德福林，《數學的語言》(*The Language of Mathematics: Making the Invisible Visible*)，洪萬生、洪贊天、蘇意雯、英家銘譯，臺北：商周出版。
· 歐林 (Ben Orlin, 2021)，《翻轉微積分的 28 堂課》(*Change is the Only Constant*)，畢馨云譯，臺北：臉譜出版。

- Chang, Ping-Ying (2023). *The Chinese Astronmical Bureau, 1620–1850: Lineages, Bureaucracy and Technical Expertise*. London and New York: Routledge.
- Elman, Benjamin A. (1984). *From Philosophy to Philology: Intellectual and Social Aspects of Change in Late Imperial China*. Massachusetts: Council on East Asian Studies, Harvard University Press.
- Horng, Wann-Sheng (1993). "Chinese Mathematics at the Turn of 19th Century: Jiao Xun, Wang Lai and Li Rui", Lin, Cheng-hung and Daiwie Fu eds., *Philosophy and Conceptual Historys of Science in Taiwan* (Netherlands: Kluwer Academic Publishes), pp. 167–208.
- Horng, Wann-Sheng (1993). "Hua Hengfang (1833–1902) and His Notebook on Learning Mathematics—*Xue Suan Bit Tan*", *Philosophy and the History of Science: A Taiwanese Journal* 2(2): 27–76.
- Horng, Wann-Sheng (2000). "Disseminating Mathematics in Late 19th-Century China: The Case with Wang Kangnian and the *Shi Wu Bao*", *Historia Scientiarum* 10–1: 46–57.
- Horng, Wann-Sheng (2001). "The Influence of Euclid's *Elements* on Xu Guangqi and His Successors", in Jami, Catherine, Peter Engelfreit, and Gregory Blue eds., *Statecraft and Intellectual Renewal in Late Ming China of Xu Guangqi* (1562–1633). Leiden/Boston: Brill, pp. 380–397.
- Jami, Catherine (2002). "Imperial Control and Western Learning: The Kangxi Emperor's Performance", *Late Imperial China* 23(1): 28–49.

· Siu, Man Keung and Lih Ko Wei (2015). "Transmission of Probability Theory into China at the End of the Nineteenth Century", in Rowe, David and Wann-Sheng Horng eds., *A Delicate Balance: Global Perspectives on Innovation and Tradition in the History of Mathematics: A Festschrift in Honor of Joseph W. Dauben* (Heidelberg/New York/Dordrecht/London: Birkhauser), pp. 395–416.

· Xu, Yibao (2005). "The First Chinese Translation of the Last Nine Books of Eulid's *Elements* and Its Source", *Historia Mathematica* 32(1): 4–32.

· 王重民輯校 (1986)，《徐光啟集》，臺北：明文書局。

· 王萍 (1966)，《西方曆算學之輸入》，臺北：中央研究院近代史研究所。

· 永瑢 (1983)，《欽定四庫全書總目》 卷 106，《景印文淵閣四庫全書總目》第三冊，臺北：臺灣商務印書館。

· 安國風 (Peter Engelfriet, 2008)，《歐幾里得在中國》 (*Euclid in China*)，紀志剛、鄭誠、鄭方磊譯，南京：江蘇人民出版社。

· 田淼 (2005)，《中國數學的西化歷程》，濟南：山東教育出版社。

· 李兆華 (2005)，《中國近代數學教育史稿》，濟南：山東教育出版社。

· 李俊坤 (2002)，《《中西算學合訂》內容之研究》，臺北：國立臺灣師範大學數學系碩士論文。

· 李迪主編 (2000)，《中國數學史大系》第七卷（明末到清中期），北京：北京師範大學出版社。

· 利瑪竇、金尼閣 (1983)，《利瑪竇中國札記》，何高濟、王遵仲、李申等譯，何兆武校，北京：中華書局。

· 尚小明 (1999)，《學人游幕與清代學術》，北京：社會科學文獻出版社。
· 祝平一主編 (2010)，《中國史新論——科技與中國分冊》，臺北：聯經出版。
· 阮元 (1982)，《疇人傳》，載楊家駱主編，《《疇人傳》 彙編上》，臺北：世界書局。
· 林倉億 (2001)，《中國清代 1723～1820 年間的借根方與天元術》，臺北：國立臺灣師範大學數學系碩士論文。
· 洪萬生 (1989)，〈從兩封信看一代疇人李善蘭〉，《第二屆科學史研討會彙刊》，頁 217–223，臺北：中央研究院。
· 洪萬生 (1991)，〈同文館算學教習李善蘭〉，載楊翠華、黃一農主編，《近代中國科技史論集》，臺北：中央研究院近代史研究所。
· 洪萬生 (1993)，〈張文虎的舒藝室世界：一個數學社會史的取向〉，《漢學研究》 11(2): 163–184。
· 洪萬生 (1996)，〈古荷池精舍的算學新芽：丁取忠學圈與西方代數〉，《漢學研究》 14(2): 135–158。
· 洪萬生 (1999)，《孔子與數學》，臺北：明文書局。
· 洪萬生 (2000)，〈清代數學家汪萊的歷史地位〉，《新史學》 11(4): 1–16。
· 洪萬生 (2000)，〈《書目答問》 的一個數學社會史的考察〉，《漢學研究》 18(1): 153–162。
· 洪萬生 (2001)，〈從一封函札看清代儒家研究算學〉，《科學月刊》 32(9): 797–802。
· 洪萬生 (2008)，〈華蘅芳與 《幾何原本》〉，《科學教育學刊》 16(3): 239–253。

· 洪萬生 (2009)，〈數學與意識形態：以梅文鼎的「幾何即勾股」為例〉，載洪萬生等，《當數學遇見文化》，頁 161–171，臺北：三民書局。
· 洪萬生主編 (1993)，《談天三友》，臺北：明文書局。
· 洪萬生、劉鈍 (1992)，〈汪萊、李銳與乾嘉學派〉，《漢學研究》10(1): 85–103。
· 郭書春主編 (1993)，《中國科學技術典籍通彙》數學卷四，鄭州：河南教育出版社。
· 郭書春主編 (1993)，《中國科學技術典籍通彙》數學卷五，鄭州：河南教育出版社。
· 郭書春主編 (2010)，《中國科學技術史：數學卷》，北京：科學出版社。
· 郭慶章 (2005)，《羅士琳及其數學研究》，臺北：國立臺灣師範大學數學系碩士論文。
· 陳文和主編 (1997)，《嘉定錢大昕全集》，南京：江蘇古籍出版社。
· 陳敏皓 (2002)，《《同文算指》之內容分析》，臺北：國立臺灣師範大學數學系碩士論文。
· 黃一農 (2007)，《兩頭蛇：明末清初的第一代天主教徒》，新竹：國立清華大學出版社。
· 黃一農 (1990)，〈湯若望與清初西曆之正統化〉，載吳嘉麗、葉鴻灑主編，《新編中國科技史》下冊，頁 465–490，臺北：銀禾文化事業公司。
· 張美玲 (2009)，《《數理精蘊》中的《幾何原本》》，臺北：國立臺灣師範大學數學系碩士論文。

· 張秉瑩 (2018)，〈帝國縮影：清代官方天文曆算發展與欽天監疇人世家〉，載洪萬生主編，《數學的東亞穿越》，頁 133–170，臺北：開學文化。
· 張壽安 (2006)，〈打破道統，重建學統——清代學術思想史的一個新觀察〉，《近代史研究所集刊》52: 53–111。
· 焦循 (1936)，《雕菰集》(叢書集成本)，上海：商務印書館。
· 焦循 (1994)，《釋弧》，載靖玉樹編勘，《中國歷代算學集成》，濟南：山東出版社。
· 徐志敏、路洋譯 (2008)，《老老外眼中的康熙大帝》，北京：人民日報出版社。
· 梁啟超 (1995)，《中國近三百年學術史》，臺北：里仁書局。
· 錢寶琮 (1998)，〈浙江疇人著述記〉，《李儼、錢寶琮科學史全集》第九卷，頁 231–258，瀋陽：遼寧教育出版社。
· 鄭鳳凰 (1995) ，《李銳對宋元算學的研究——從算書校注到算學創作》，新竹：國立清華大學歷史學系碩士論文。
· 楊家駱主編 (1963)，《洋務運動文獻彙編》 第二冊，臺北：世界書局。
· 歐士福 (2004)，《從算學試題看晚清自強運動期間數學教育與數學傳播》，臺北：國立臺灣師範大學數學系碩士論文。
· 歐秀娟 (1995)，《《清史稿》最後一位疇人華蘅芳》，新竹：國立清華大學歷史研究所碩士論文。
· 韓琦 (1995)，〈君主與布衣之間：李光地在康熙時代的活動及其對科學的影響〉，《清華學報》26(4): 421–445。

· 韓琦 (2001)，〈從《律曆淵源》的編纂看康熙時代的曆法改革〉，載吳嘉麗、周湘華主編《世界華人科學史學術研討會論文集》，頁187–195，臺北：淡江大學歷史學系、化學系。
· 韓琦 (2007)，〈明清之際「禮失求野」論之源與流〉，《自然科學史研究》26(3): 303–311。
· 韓琦 (2009)，〈李善蘭、艾約瑟譯《重學》之底本〉，《或問WAKAMON》101(7): 101–111。
· 蘇俊鴻 (2018)，〈學術贊助：清代數學發展的一個數學社會學的考察〉，載洪萬生，《數學的東亞穿越》，頁 171–196，臺北：開學文化。

網站資源

· MacTutor History of Mathematics archive：
http://www-history.mcs.st-and.ac.uk
· KEPLER'S DISCOVERY：
http://www.keplersdiscovery.com/Intro.html
· Kepler's Planetary Laws：
http://www-history.mcs.st-andrews.ac.uk/Extras/Keplers_laws.html

圖片出處

· 圖 1.1：Internet Archive
https://archive.org/details/larithmetiqvedes00stev
· 圖 1.2：Wikimedia Commons
· 圖 1.3：Wikimedia Commons

· 圖 1.5：Wikimedia Commons，
  來源：Wellcome Collection gallery (2018-03-23)
· 圖 1.8：Wikimedia Commons，來源：BEIC digital library
· 圖 1.9：Wikimedia Commons
· 圖 1.10：Wikimedia Commons
· 圖 1.12：Wikimedia Commons
· 圖 1.13：Wikimedia Commons
· 圖 1.14：Wikimedia Commons
· 圖 2.1：Internet Archive
  https://archive.org/details/nicolaicopernici00cope_0
· 圖 2.5：Wikimedia Commons
· 圖 2.6：Wikimedia Commons
· 圖 2.8：Wikimedia Commons
· 圖 4.7：Wikimedia Commons
· 圖 5.1：Wikimedia Commons
· 圖 5.2：Internet Archive
  https://archive.org/embed/02094141.cn
· 圖 5.3：Wikimedia Commons
· 圖 5.4：Wikimedia Commons

索　引

第 2 章

第 3 章

第4章

第5章

《數之軌跡》總覽

IV　再度邁向顛峰的數學

第 1 章　十八世紀的歐洲數學

第 2 章　十九世紀數學（上）

第 3 章　十九世紀數學（下）

第 4 章　廿世紀數學如何刻劃？

第 5 章　餘音裊裊：數學知識的意義與價值

國家圖書館出版品預行編目資料

數之軌跡III：數學與近代科學／洪萬生主編;英家銘協編;蘇惠玉,蘇俊鴻,陳彥宏著.－－初版一刷.－－臺北市：三民，2024

面；　公分.－－（鸚鵡螺數學叢書）

ISBN 978-957-14-7770-1（平裝）

1. 數學 2. 歷史

310.9　　113003192

鸚鵡螺 數學叢書

數之軌跡III：數學與近代科學

主　　編｜洪萬生
協　　編｜英家銘
作　　者｜蘇惠玉　蘇俊鴻　陳彥宏
審　　訂｜于　靖　林炎全　單維彰
總 策 劃｜蔡聰明
責任編輯｜朱永捷
美術編輯｜黃孟婷

創 辦 人｜劉振強
發 行 人｜劉仲傑
出 版 者｜三民書局股份有限公司（成立於 1953 年）

三民網路書店
https://www.sanmin.com.tw

地　　址｜臺北市復興北路 386 號（復北門市）(02)2500-6600
　　　　　臺北市重慶南路一段 61 號（重南門市）(02)2361-7511

出版日期｜初版一刷 2024 年 5 月
書籍編號｜S319650
I S B N｜978-957-14-7770-1

法律顧問　北辰著作權事務所　蕭雄淋律師

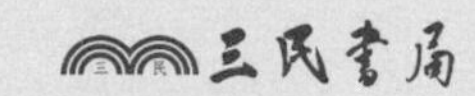